精英文库——陆军工程大学研究生学位论文优秀成果

卫星通信系统中的协作传输策略与性能分析

郭克锋 张邦宁 林 敏
郭道省 黄育侦 魏国峰 等 著

北京理工大学出版社
BEIJING INSTITUTE OF TECHNOLOGY PRESS

图书在版编目（CIP）数据

卫星通信系统中的协作传输策略与性能分析／郭克锋等著. -- 北京：北京理工大学出版社，2023.5

ISBN 978-7-5763-2422-8

Ⅰ.①卫…　Ⅱ.①郭…　Ⅲ.①卫星通信系统-信号传输-研究　Ⅳ.①TN927

中国国家版本馆 CIP 数据核字(2023)第 097214 号

出版发行／北京理工大学出版社有限责任公司
社　　址／北京市海淀区中关村南大街 5 号
邮　　编／100081
电　　话／(010) 68914775（总编室）
　　　　　(010) 82562903（教材售后服务热线）
　　　　　(010) 68944723（其他图书服务热线）
网　　址／http://www.bitpress.com.cn
经　　销／全国各地新华书店
印　　刷／三河市华骏印务包装有限公司
开　　本／787 毫米×1092 毫米　1/16
印　　张／8.5
字　　数／167 千字
版　　次／2023 年 5 月第 1 版　2023 年 5 月第 1 次印刷
定　　价／56.00 元

责任编辑／李颖颖
文案编辑／李思雨
责任校对／周瑞红
责任印制／李志强

前言

PREFACE

卫星通信系统由于其覆盖范围广、不受地理条件限制等特点，近年来广受关注，它实现了全球通信，已经成为5G通信系统的重要组成部分。将卫星网络和地面网络结合起来形成星地融合网络已经成为卫星通信系统研究的一个热点问题。星地融合网络可以实现全球覆盖，可以实现卫星通信网络与地面通信网络之间的相互连通，可以实时获取、传输和处理星地信息。星地融合网络在保证通信质量的前提下，其带宽、功率损耗、频谱利用率以及提供综合业务上具有明显的优势，越发成为关注的重点。

目前，关于卫星通信系统的研究主要集中在理想的硬件设备上，然而由于高频噪声、I/Q支路不均衡以及系统非线性功率放大等因素，会导致硬件处于非理想状态。现有技术手段还不能完全消除这些实际硬件设备引起的非理想情况，因此由于系统硬件本身非理想而引起的损伤噪声会严重削弱系统性能。

本书主要的研究工作如下。

(1) 同频干扰下的双跳卫星中继传输策略与性能分析。针对同频干扰下的卫星中继网络，考虑卫星中继受到来自地面的同频干扰，卫星用户受到来自地面的同频干扰和系统硬件非理想所引起的损伤噪声，提出了非理想硬件和同频干扰下基于最大比合并和最大比接收策略的传输方法，推导了相应的中断概率和吞吐量的表达式。

(2) 星地融合网络中的中继选择策略与性能分析。针对星地融合多中继网络，在考虑系统损伤噪声的基础上，提出了存在多个地面中继时基于阈值的中继选择策略，并在此基础上得到了系统中断概率和吞吐量的准确闭式表达式和渐进解表达式，进一步得到了基于中继选择策略下的系统分集增益和阵列增益。

(3) 基于双向中继机会调度的星地融合传输策略与性能分析。针对存在多个双向地面中继的星地融合网络，首先采用机会中继选择策略得到了放大转发和译码转发协议下的系统中断概率和吞吐量的准确闭式表达式和高信噪比下的渐进解表达式；然后进一步分析了系统分集增益和阵列增益。

(4) 基于认知中继的星地融合网络协作传输策略与性能分析。针对认知条件下的星地融合网络，提出了一种多主用户星地融合认知协同传输模型，并考虑损伤噪声和非理想信道状态信息。首先在联合考虑地面次级用户最大发射功率以及主卫星网络干扰温度条件限制下，推导出了地面次级用户中断概率和吞吐量的准确闭式表达式和高信噪比下的渐进表达式；然后进一步分析了地面次级用户所能获得的分集增益和阵列增益。

（5）星地融合网络中的安全协作传输策略与性能分析。针对存在窃听者的星地融合网络，同时考虑多个中继、多个主用户和多个窃听者，首先提出了一种结合解码中继的联合中继和用户调度策略。在考虑窃听者协作窃听和非协作窃听两种场景的基础上，分别推导出系统安全性能的准确闭式表达式和高信噪比下的渐进表达式。

本书围绕“卫星通信系统中的协作传输”问题开展研究，着重从同频干扰下的双跳卫星中继传输问题、星地融合网络中的单向多中继选择问题、双向中继问题、认知中继问题以及安全协作传输等方面展开，提出了不同场景中的协作传输策略，评估了系统性能，揭示了关键参数对于系统性能的影响，为卫星通信系统中的协作传输问题提供强有力的理论和技术支撑。

本书有关内容的完成，离不开我的博士生导师张邦宁教授的悉心指导与教研室郭道省教授的大力支持；离不开南京邮电大学林敏教授的大力支持，对本书的结构和框架提出了建设性意见；同时本书的撰写离不开黄育侦副研究员细致入微的修改，对本书章节架构的激烈讨论才让本书有了出版的可能；离不开魏国峰博士对本书内容的进一步修改与审核，使本书以一种最佳的面貌呈现在读者面前。本书是作者与团队集体智慧的结晶，其中郭克锋、张邦宁和林敏共同撰写了第一章到第三章的内容；郭克锋和郭道省共同撰写了第四章和第五章的内容；郭克锋和黄育侦共同撰写了第六章的内容，郭克锋撰写了第七章的内容。其中，郭克锋、张邦宁和林敏对本书的内容结构进行了组织和构思，郭道省和黄育侦参与撰写本书的初稿并指导部分实验的仿真，魏国峰参与了全书的撰写与修订工作。陆军工程大学王华力教授和杨圣梅老师等对本书的内容提出了很多宝贵的建议，在此一并表示感谢！

特别感谢陆军工程大学研究生院对本书的出版给予的大力支持，感谢北京理工大学出版社的领导和编辑为本书的顺利出版所给予的支持和帮助。

本书的部分研究内容得到了国家自然科学基金项目“星地融合网络中的物理层安全通信理论与方法研究”（No. 62001517）、““非均匀”密集异构无线网络物理层安全通信理论与方法研究”（No. 61971474）、“分布式认知协同无线网络物理层安全理论与传输方法研究”（No. 61501507）、北京市科技新星计划“面向无人机空地网络的物理层安全技术研究”（No. Z201100006820121）、江苏省自然科学基金“认知无线电中基于中继协作的物理层安全技术研究”（No. 20150719）、“星地融合移动通信网中的高效率协同传输关键问题研究”（No. 20131068）的资助，特此表示衷心的感谢。

我们深知本书的研究工作只是围绕“卫星通信系统中的协作传输”问题探索的一小步，尽管我们花费了大量时间和精力确保本书内容的完整和准确，但受到研究深度与研究水平的限制，本书只是抛砖引玉，书中难免有疏漏之处，敬请广大读者批评指正。

郭克锋

2023 年 3 月于南京

主要符号说明与英语缩略语表

符号说明（Notations）		
$\|\cdot\|$	Absolute Value	绝对值
$\|\cdot\|$	Euclidean Norm	欧几里得范数
x	Scalar	标量
$\boldsymbol{x}$	*Vector*	矢量
$\mathcal{CN}(0,\delta^2)$	Complex Gaussian Distribution	复高斯分布
$E[\cdot]$	Mathematic Expectation	数学期望
$\max\{\cdot,\cdot\}$	Maximum Value	取最大值
$\min\{\cdot,\cdot\}$	Minimum Value	取最小值
$F_x(\cdot)$	Cumulative Density Function	累积密度函数
${}_1F_1(a;b;c)$	Confluent Hypergeometric Function	合流超几何函数
$f_x(\cdot)$	Probability Density Function	概率密度函数
$\Pr[\cdot]$	Probability of the Given Event	发生概率
$\mathrm{diag}(a_1,\cdots,a_N)$	Diagonal Matrix	对角矩阵
英语缩略语（Abbreviations and Acronyms）		
AF	Amplify-and-Forward	放大转发
AWGN	Additive White Gaussian Noise	加性高斯白噪声
CCI	Co-channel Interference	同频干扰
CDF	Cumulative Distribution Function	累积分布函数
CR	Cognitive Radio	认知无线电
CSI	Channel State Information	信道状态信息
DF	Decode-and-Forward	译码转发
HI	Hardware Impairments	损伤噪声
IEEE	Institute of Electrical and Electronics Engineers	电气电子工程师学会
MIMO	Multiple Input Multiple Output	多输入多输出

续表

英语缩略语（Abbreviations and Acronyms）		
MRC	Maximal Ratio Combining	最大比合并
MRT	Maximal Ratio Transmission	最大比传输
MISO	Multiple Input Single Output	多输入单输出
PDF	Probability Density Function	概率密度函数
PLS	Physical Layer Security	物理层安全
PU	Primary User	主用户
SINDR	Signal-to-Interference-plus-Noise-and-Distortion Ratio	信干损噪比
SNR	Signal-to-Noise Ratio	信噪比
SNDR	Signal-to-Noise-and-Distortion Ratio	信损噪比
SNDER	Signal-to-Noise-plus-Distortion-and-Error Ratio	信损差噪比
SU	Secondary User	次用户
TDMA	Time Division Multiple Access	时分多址

目 录
CONTENTS

第1章
绪　论

1.1　研究背景

卫星通信系统同时将卫星和地面通信设备加以利用，实现海、陆、空、天域不同用户、不同网络之间的通信，具有覆盖范围广、作用距离远、通信容量大、传输质量好、地理条件限制弱、适用于多种业务等众多优点，是真正的环球覆盖的通信网络，是各国军队作战的必备手段，是深海航行和航天飞行的重要通信网络，是灾害救助的重要器材，也是顶级通信用户全球旅行必不可少的通信手段。确切地说，卫星通信的技术水平已经变成一个主权国家通信领域甚至航天领域发展程度的重要体现，是主权国家完善通信基础设施建设中不可或缺的一部分，同时是一个地区性的大国或者组织必须掌握的科技制高点。

空间信息网络包含两个主要部分：卫星通信网络和地面通信网络，在近些年两者都经历了快速的发展。地面通信网络已经经历了1G、2G、3G和4G，目前5G的研究正轰轰烈烈地开展，并准备商用。相比而言，卫星通信网络的发展相对独立并且落后于地面通信网络。然而，由于地形和经济因素的制约，地面通信网络始终无法覆盖海洋、偏远地区等全球整体区域。作为全球最高的人造基站——卫星，受地理环境影响小、广域覆盖能力强。按照理论，利用3颗地球同步卫星（Geostationary Orbit，GEO）即可覆盖全球南北纬75°以内的区域。

由于卫星主要依赖视距传输，所以无法为建筑物密集的城市区域提供有效的覆盖。另外，地面通信网络设施在地震、飓风等灾害发生时，可能会遭到毁灭性的损坏而使受灾区通信网络陷入瘫痪形成“信息孤岛”。然而，由于卫星处于高空所以不受影响，可以迅速为受灾地区提供通信服务。在此基础上，星地融合网络应运而生。星地融合网络建立的目的是将各自独立的卫星或地面通信网络以一种分布式、集成式或混合式的形式，构建协作网络来实现星地间相互连通，更加充分利用空时隙资源，以实时获取、传输和处理星地信息。星地融合网络的通信目标是实现“任意时间”“任何区域”和“一直在线”。

综上所述，将卫星通信网与成熟的地面通信网有机融合所构成的星地融合网络具有很多优势，在军事通信和民用通信有着很好的应用前景。地面的通信网络很容易在不可抗拒的自然灾害中被损坏，此时卫星通信系统将发挥重大作用，不需要重新部署网络就可以瞬时补全网络，建立通信连接。与此同时，地面通信网络也可以补全卫星通信网络的不足，如费用高、时延大和传输速率低等。以军事卫星为例，其获取的保密信息不仅可以通过卫星进行传输，还可通过地面通信网络辅助进行传输，由此为通信提供了更加多样化的样式选择，告别单一的通信模式。星地融合网络可充分结合卫星通信网络和地面通信网络的优点，其还能有效覆盖人迹罕至的荒凉地区以及人口密集度较高的繁华地区，同时提供可靠有效的通信。在此基础上，网络资源的利用率和用户的体验程度得到很大程度提高。由于地面通信网络和卫星通信网络各自的局限性，单纯地依靠一种通信方式无法真正实现全球通信，因此将两者有机地融合到一起组成星地融合网络，其同时兼备卫星通信网络和地面通信网络的优点，可以有效地减小网络延时、扩大通信范围，两者相互补充、相互利用，从而为通信客户提供更多的通信选择方式、更加人性化的服务。

目前，世界上主要的发达国家都已经开始构建适用于各自国情的星地融合网络，这些融合网络的整体结构和主要构成大体一致。2009 年，国际电信联盟（International Telecommunication Union，ITU）将两种同时具有卫星通信网络和地面通信网络的系统分别概括为“混合系统”和“融合系统”，其主要的差别在于是否使用同一频率进行通信，或者使用相同的接口进行通信。相对于“混合系统”提供的连通性，“融合系统”通过采用辅助地面组件（Auxiliary Terrestrial Component，ATC；欧洲称为 Complementary Ground Component，CGC）技术进一步提高了其互相操作的可能性。在此技术的帮助下，真正将卫星通信网络和地面通信网络有机地融合在一起。CGC 和 ATC 所涵盖内容的本质是相同的，在某种意义上两者可以互换称谓。ATC 技术并不是单个技术，而是许多、一系列卫星通信网络中新技术的集合，其代表了卫星通信系统的最新研究方向。采用 ATC 技术的卫星通信系统可以为人口密集的住宅区和建筑密集的城区以及卫星链路无法直达的盲区内的用户们提供可靠的通信保障服务，进而使卫星通信系统真正地覆盖全球。

按照我国近年的发展规划，星地融合网络同深海空间站、量子计算机等项目成为第一批部署的面向 2030 年的国家重大科技专项。由此可见，星地融合网络的战略重要地位已经上升至国家级，其已经成为与人民利益和国家未来进步密切相关的国家级工程项目。因此，本着独立自主的原则，建立一套具有绝对主宰权、话语权的卫星通信网络，进而形成大范围的星地融合网络是不可拖延的一项政治任务。通过研究和利用国内外通信领域的前沿成果，深入理解并研究星地融合网络中协作传输关键技术，攻克其中理论瓶颈，加强技术积累等一系列举措很好地践行了国家提出的创新性国家建设这一目标。

1.2 国内外研究现状

卫星通信系统的终极目的是将传统卫星通信网络和地面通信网络高度有机融合形成星地

融合网络，利用卫星通信网络和地面通信网络各自的独有优势，通过对多维空间信息，如时域、频域、空域信息的采样、传播，以及目标的下达、管理和组织，实现融合网络中信息的集中处理和资源利用率的最大化。星地融合网络中必须要面对的问题是如何设计融合网络的网络体系，即阐明卫星通信网络和地面通信网络在星地融合网络中的作用，从而才能因材利用，让卫星通信网络和地面通信网络发挥最大的作用。

近年来，国际上已经形成了一个共识：应充分利用地面通信网络的资源来进一步发展卫星通信系统，地面无线通信中成熟的传输体制和健全的产业链等优点应被卫星通信系统加以利用，以降低卫星通信系统的建设、维护成本和通信费用。发展卫星通信系统的最终目的要为人民服务，要纳入公共通信网中。目前，公共通信网的主体是地面通信网络。与此同时，无线通信朝着便捷化、异构化、全地域化以及多网络结构融合的方向进展，随着“绿色”概念的不断深入人心，绿色通信应运而生，并引领通信由单纯的追求宽带高速向兼顾效率和环境保护因素升级，兼容已经大规模商业应用的地面蜂窝网构成的星地融合通信网络，如图1-1所示，在带宽、功率消耗、频谱使用以及提供综合服务上具有显著的优点。借助于卫星波束覆盖内的中继站辅助卫星直达链路的协作中继传输网络为其可靠通信提供了有效手段，星地融合网络的最终目标是建立天地一体化立体的通信网络。鉴于我国现有的技术储备与实际需求有着较大的差距，因此急需对卫星通信系统中协作传输关键技术开展研究，争取在理论知识和通信技术上为国家以后的发展奠定基础。

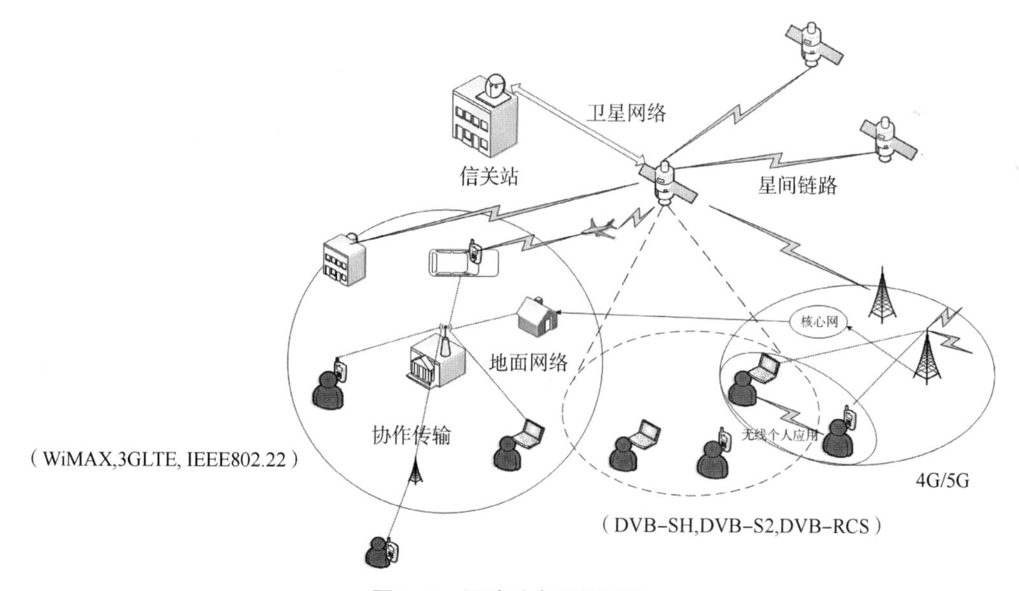

图1-1 星地融合通信网络

文献［22］指出，卫星到地面站的信道衰落参数服从阴影莱斯（Shadowed-Rician）分布，其直达径（Line-of-Sight，LOS）分量建模为Nakagami-m分布，多径分量建模为瑞利（Rayleigh）衰落，并给出了含有贝塞尔函数的信道衰落的概率密度函数，这种概率密度函数（Probability Density Function，PDF）不利于计算。文献［23］给出了便于计算的阴影莱斯概率密度函数，在此基础上得到了矩生成函数，此概率密度函数给后续的研究带来极大方便，以此信道模型为基础。文献［24］分析了放大转发（Amplify-and-Forward，AF）中继协议下的星地融合网络系统性能，在地面站目的端合并了直传链路的信号和中继链路的信号，并得到了平均符号错误概率（Average Symbol Error Ratio，ASER）的闭式表达式，此研究对后续的工作具有十分重要的借鉴意义。文献［25］研究了最大比合并（Maximal Ratio Combining，MRC）策略在星地融合网络中的应用，并得到了应用最大比合并策略后的概率密度函数表达式和累积分布函数（Cumulative Distribution Function，CDF）的表达式，以及系统的误符号率、中断概率（Outage Probability，OP）和遍历容量（Ergodic Capacity，EC）的准确闭式表达式。文献［26］分析了具有一个单天线卫星、多天线地面中继和地面接收端的星地融合协作网络，并应用了中继放大转发协议，进一步给出了近似的误符号率和系统的分集增益的闭式表达式。文献［27］分析了以卫星为中继的星地融合网络，得到了平均误符号率的准确闭式表达式并分析了系统的分集增益。文献［28］给出了星地融合协作网络中地面链路机会中继调度方案的应用，并且得到了遍历容量的准确闭式表达式。文献［29］研究了以卫星为中继的卫星通信网络，并且得到了整数衰落系数下阴影莱斯衰落的概率分布函数，在此基础上分析了系统的中断概率、误符号率和遍历容量。文献［30］分析了 Distributed Alamouti Code（DAC）在星地融合网络中的作用。

星地融合网络是相对于仅存在单纯地面网络的卫星网络提出的，目的是将孤立的卫星或地面系统以一种集成式、分布式或混合的形式，构建协作网络以实现星地间互联互通，更加充分利用空间、时间、频率资源，以实时获取、传输和处理信息的网络系统。

卫星与地面用户之间的直传链路常常受到障碍物的遮蔽和阻挡，导致直传链路不能直接通信，因此需要中继的协作传输。如图 1-2 所示，由于高楼大厦的阻挡，地面用户不能直接接收到卫星信号，或者信号衰减程度非常大，因此需要地面基站辅助，才能保障通信顺利进行。中继的概念在地面通信中已经非常成熟，其经常用在信道严重衰减的链路中。例如，在大山深处，通信的直传链路即直达链路由于严重的阻挡而造成巨大的衰落，进而导致源端和目的端之间无视距链路，此时中继的存在可以很大程度改善这个问题。星地协作传输网络正是借用地面通信网络中成熟的中继技术，来实现卫星信号顺利地传输到地面用户。同时，由于地面通信所用频谱的不断提高，卫星和地面通信系统可以使用同一个频段，这使得采用一种通信模式就可以将卫星和地面基站联合起来通信成为可能。

由于卫星覆盖的广域性，卫星的一个波束可以覆盖多个地面中继，多个地面中继协作进行通信如图 1-3 所示。

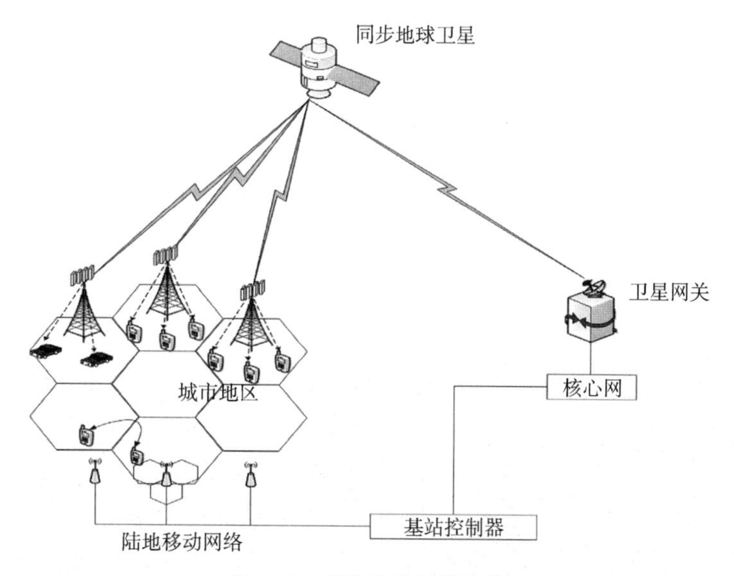

图1-2 星地协作网络结构

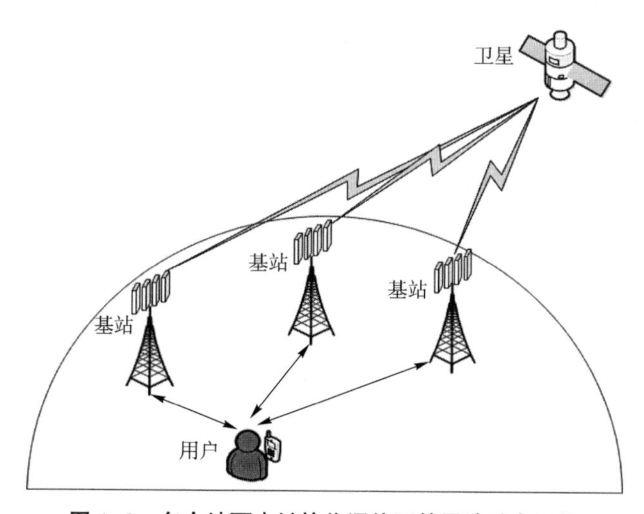

图1-3 多个地面中继协作通信下的星地融合网络

传统地面网络中，根据网络中中继的数目，可以将中继网络分为单个中继网络和多个中继网络。图1-4（a）表示单个中继的协作传输网络，源端S和目的端D的通信通过中继端R的协助来完成；图1-4（b）表示多中继的协作传输网络，源端S在多个中继的共同协作下进行传输。在多中继网络中根据参与中继的数目多少，可分为全中继参与通信与部分中继参与通信。全中继参与通信顾名思义就是所有中继都参与协作通信，其优势是能获得最好的性能。但是，其复杂度高，并且对功率要求高，导致其通常不能应用到具体的网络中。由此而提出了中继选择策略，根据选择时依靠链路状态信息的不同，可分为机会中继选择策略和部分中继选择策略。机会中继选择策略是根据协作网络中的两跳链路选择最佳的中继进行传输，其可以获得很好的通信质量，但是其要求知道中继网络中两跳链路的状态信息，难度较高。因此，提出了部分中继选择策略，只根据两条链路中的一条状态信息进行传输，在所要获得系统性能和复杂度上做折中，现在大多数网络采用部分中继选择策略。

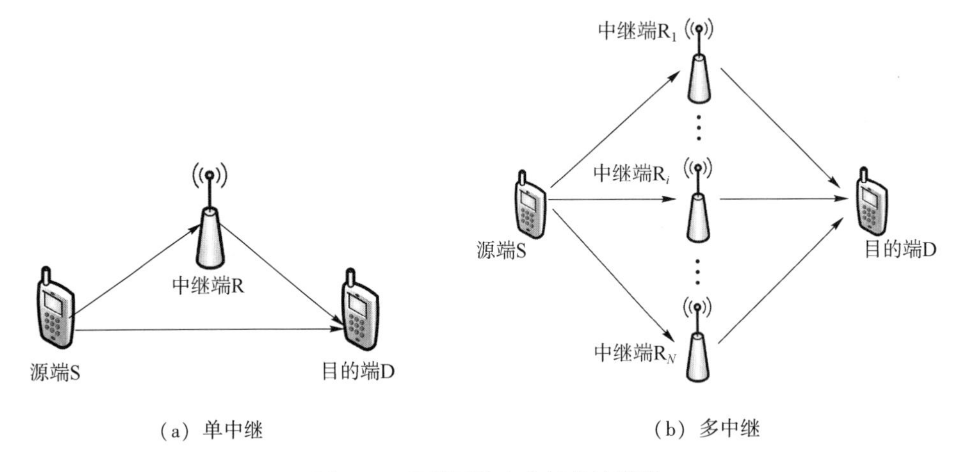

（a）单中继　　（b）多中继

图 1-4　无线网络中中继传输模型

在中继传输网络中，中继转发信号的方式尤为重要，根据中继处理信息能力的强弱，对信号转发时通常采用两种协议，分别为译码转发协议和放大转发协议。译码转发协议是将信号进行解码然后再重新编码发送到目的端，在转发过程中，由于采用解码方式，因此第一跳链路的噪声不影响第二跳链路。放大转发协议是将信号透明转发，连同传输过程的噪声一起经由中继转发至目的端。

文献［34］提出了协作传输的模型，并对协作传输中不同的协作策略进行了理论推导和性能分析。正如前面所指出的，近些年协作通信在卫星通信系统有了一定程度的研究，协作通信在卫星通信系统中的应用可以有效地改善无法建立视距链路的用户通信质量。多中继能显著提高所在网络的分集增益，从而提升网络的系统性能。文献［35-36］研究了协作多中继在星地融合网络系统中的应用。文献［37］分析了带直传链路的多中继星地融合协作网络，并得到了系统中断概率的准确闭式表达式。文献［38］研究了地面干扰对于多中继星地融合协作网络的影响，并在此基础上得到了系统平均误码率的准确和渐进闭式表达式，因此，合适的中继选择策略会让协作通信系统得到较好性能的同时大大降低系统的复杂度。文献［39］提出了基于多中继星地融合协作网络中整体最佳中继选择策略，并得到了在此基础上中断性能的准确闭式表达式。文献［40］在中继链路选择时，应用最佳中继选择策略，在接收端用最大比合并策略来得到系统的最大性能。文献［41］研究了基于多中继的星地协作网络中的遍历容量问题并得到了应用最佳中继选择策略后系统的遍历容量，并以此为基础分析了高信噪比下遍历容量的渐进解。文献［42］率先分析了多中继多用户情况下的星地融合协作网络，并且在系统中两次采用机会中继选择策略，以此为基础得到了中断概率的准确和渐进闭式表达式。文献［43］研究了基于部分中继选择策略下的星地融合网络中多中继存在时的系统性能，并且获得了易于计算的链路信道概率密度函数。文献［44］研究了不同转发协议下的多中继星地融合协作网络，特别是读信道为相关信道。文献［45］分析了时变影响下多中继译码转发的星地融合协作网络，进一步得到了此假设下的误码率的准确闭式表达式和高信噪比时误码率的渐进闭式表达式。文献［46］考虑多波束多用户（中继）对系统性能的影响，并且以此为基础优化了系统的性能参量。

1.2.1 卫星通信系统协作传输中的同频干扰研究

随着频率资源越发紧张，频率复用成为解决频谱资源紧张的有效手段之一，但是频率复用会产生同频干扰（Co-channel Interference，CCI），严重限制通信系统性能。同频干扰又称为同道干扰或者共道干扰，其产生的原因是通信系统中多个用户使用相同的通信频率。在实际的卫星通信系统中，频率资源很有限，由于卫星的广播特性，同一个波束内的用户使用相同的频率进行通信，因此在卫星接收端会由于多个相同的频率叠加而产生同频干扰。同时，随着地面通信技术的不断进步，地面5G技术趋于成熟，地面通信所用频率越来越高，其部分频率已经和卫星通信频率的L波段、S波段的频率重叠。因此，卫星通信系统中的地面站在接收卫星下行链路的信号时，会同时接收到卫星的信号和地面站的信号，对于地面接收端，其会遭受由于卫星通信网络和地面通信网络通信频率相同而带来的同频干扰。综上所述，卫星通信系统中的卫星接收端以及地面接收端会遭受不同程度的同频干扰。

同频干扰的存在会大幅降低系统性能，已有文献对此做出了一定程度的研究。文献［47］考虑了星地融合协作网络中放大转发协议下多天线中继辅助下的系统性能，进一步考虑使用同一个频率带来的同频干扰，分别得到了系统中断概率和平均误符号率的准确闭式表达式。文献［48］分析了在干扰抑制下的星地协作单中继网络的平均误码率，并考虑了系统高信噪比下的渐进解。文献［49］研究了卫星组件间的干扰和地面站之间的干扰，得到了中断概率的准确闭式表达式。文献［50］分析了星地融合协作网络中下行链路的性能，考虑地面中继和目的接收端同时受到干扰的影响，并且得到了平均误码率的准确和渐进的闭式表达式。文献［51］研究了同频干扰对于星地融合网络中断概率和平均误码率的影响，并得到了中断概率和平均误码率在高信噪比下的渐进解。文献［52］考虑了同频干扰对于协作星地网络中地面中继的影响，并且以此为基础分析得到了相关信道下和非相关信道下的系统中断概率、分集增益和遍历容量等评价指标的闭式表达式。

由于卫星高度的限制，其与地面站之间的通信常常存在着通信传输距离较远、传播时延较长等影响系统性能的因素，地面中继和地面站得到的信道状态信息并不是完美的，往往与实际的真实值之间存在一定的误差，从而进一步恶化同频干扰对系统性能的影响。文献［55］对卫星通信的阴影莱斯信道进行了信道估计和探测，并得到了信道接收信噪比、误符号率、分集增益和遍历容量的准确闭式表达式。文献［56］主要对以卫星为中继的卫星通信系统信道进行了估计，特别是考虑了多个地面卫星接收站和不同通信频带同时存在的情况。文献［57］对星地融合协作网络中的遍历容量问题进行了优化，其特别之处在于同时考虑了不完美的卫星链路和地面链路信道状态信息。进一步，文献［58］对以卫星为中继的卫星通信信道进行了估计，并提出了一种联合波束形成的信道估计方案，推导得到了系统的平均误符号率，通过此项指标验证了所提出估计策略的有效性。文献［59］考虑了同频干扰和反馈延时对于多用户星地融合协作网络的影响。文献［60］深入研究了同频干扰和过时信道状态信息对于多用户星地融合协作网络的影响，并以此为条件得到了系统遍历容量的准确闭式表达式。

1.2.2 卫星通信系统协作传输中的认知技术研究

星地融合网络的认知技术是将频谱共用的理念引入星地融合网络，通过星地融合网络各级感知周围环境并动态调整自身工作参数，实现动态频谱共享，如图 1-5 所示。卫星通信网络和地面通信网络可以通过共用相同的频带进而提高频谱利用率，对多维空间的频谱进行感知，充分利用国家大力发展的人工智能（AI）技术寻找频谱中未利用的资源并充分使用，大幅提高空间中频谱资源的利用率。随着认知无线电技术在星地融合网络中的应用，不仅提升了星地融合网络中用户的频率利用率，而且可以有效克服不可预知的干扰，具有较高的自适应性和稳健性。与传统地面通信网络的认知无线电技术相比，星地融合网络中的认知无线电技术可以有效提高认知范围、提升次级用户接入频谱机会，从而提高认知无线技术的应用范围。

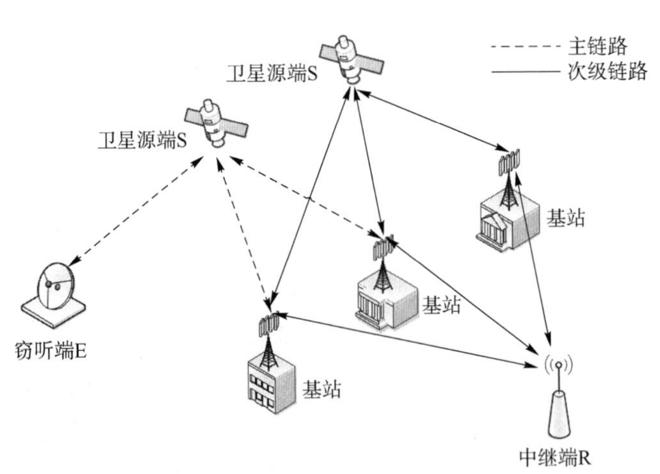

图 1-5　星地融合认知网络示意图

卫星频谱环境的复杂性远远高于地面的移动环境，目前卫星通信系统中主要应用 L 波段和 S 波段，这一频率范围刚好是地面 5G 通信频率所应用的范围，网络间的干扰在所难免。因此，如何更好地对星地融合网络中的频率进行管理提出了更高的要求，传统的通信中采用频率交叉的原则即相邻的用户频率错开，这无疑大大降低了频谱的利用率。频谱资源是宝贵的有限的资源，如何智能更加优化地利用频率是当今研究的一个热门课题，认知无线电技术正是解决此类问题的关键技术。

认知无线电（Cognitive Radio，CR）技术近年来在地面网络中得到了长足的进步和发展，同时由于卫星资源的紧张，将认知无线电技术引入卫星通信网络是迫在眉睫的一项任务。文献［69］给出了认知无线电在卫星通信领域的可行性，同时提出了三种可以应用的场景，主要包括：卫星通信网络作为主用户，地面通信网络作为次级用户；卫星通信网络作为次级用户，地面通信网络作为主用户；两种网络主次用户混合来扩展地面网络传播区域的混合场景。特别地，作者对每种场景下的主要技术难题和如何解决这些技术难题做了一定程度的分析。文献［70］分析了基于认知技术的星地融合协作网络中的中断概率问题，并且讨论了波束成形技术在其中的作用。文献［73］得到了基于认知无线电技术的星地融合协作网络的中断概率的准确闭合表达式，并且在相应的数学工具的辅助下，得到了次级网络的分集增益和编码增益。文献［74］提出了一种有效的资源分配策略来最优化认知星地融合网络的系统性能。文献［75］研究了认知技术在星地融合安全协作网络中的作用，并且考虑了非完美信道状态信息对于系统性能的影响，同时分析了波束成形技术对系统性能的影响，通过进一步分析得到了系统平均安全容量的准确闭式表达式。文献［76］研究了多天线对认知星地融合协作网络的作用，同时借助平均遍历容量这一性能指标来具体评判多天线数目对系统性能的影响。文献［77-78］将中继选择策略应用到星地融合协作网络中，并且考虑次级网络对主用户性能的影响，得到了主用户网络和次级用户网络以安全中断概率为评价指标的准确闭式表达式；同时指出随着次级用户增多，主用户性能逐渐下降。文献［79］考虑了认知星地融合协作网络中用户的分布问题，同时将用户分布建模为泊松分布，并以此为基础分析得到了系统有效容量的准确闭式表达式。文献［80］以误码率为限制条件，分析了认知星地融合协作网络中的能量效率问题。文献［81］分析了多波束认知星地融合协作网络中的性能问题，同时考虑了用户泊松分布和功率限制，并优化了系统中断概率等评价指标。文献［82-83］对认知星地融合网络中的功率资源进行了优化，从而使其达到最佳的系统性能，同时对最大化可达速率进行了优化。文献［84-85］将古诺博弈应用到认知星地融合协作网络中。

1.2.3 卫星通信系统协作传输中的非理想硬件研究

随着无线设备转入大宗商品市场，无线产品的价格压力陡然增大，因此各大厂商都在致力于追求低成本的解决方案。这就导致在实际的通信系统中，系统中的硬件节点通常是非理想的，除了遭受白噪声信号和多径效应外，硬件自身产生的“噪声”也是重要的因素。由于在系统中对“噪声”的处理不够完全，会残余一些噪声。在这种噪声影响下的硬件通常称为非理想硬件，此类噪声通常称为剩余损伤噪声，简称为损伤噪声。此类噪声如I/Q支路不均衡、功率非线性放大等。

（1）I/Q 支路不均衡。文献［86-87］主要研究了 I/Q 支路不均衡对于放大转发协议下的中继网络的影响。首先分析了 I/Q 支路不均衡条件下的系统性能；然后提供了一个补偿的方法来平衡 I/Q 支路间的不均衡；最后发现 I/Q 支路不均衡会很大程度上影响系统性能，特别是系统误码率等系统关键指标。

（2）射频（Radio Frequency，RF）噪声。文献［88］指出射频噪声是未来通信网络的主要设计挑战，特别是对于那些要求高数据传输速率、低功耗限制的通信网络。射频噪声会造成通信网络中的前端和目的端非理想化，从而严重恶化系统性能。

（3）多输入多输出（Multiple Input Multiple Output，MIMO）系统传输中的剩余高频噪声。文献［89］分析了剩余高频噪声对于 MIMO 系统性能的影响，特别是对于系统的遍历容量和误比特率有着无可比拟的副作用。特别地，其会严重减弱 MIMO 系统中的信号检测机制，从而造成硬件非理想。

（4）高功率放大非线性。文献［90］主要描述了正交频分复用（Orthogonal Frequency Division Multiplexing，OFDM）系统下的高功率下非线性放大问题和相位噪声问题，其联合产生的影响严重恶化系统性能，从而造成硬件非理想。

文献［91］对上述几种噪声的大小进行了量化建模，并且提出用误差矢量幅度（Error Vector Magnitude，EVM）来定义损伤的大小。基于此类假设，非理想硬件的研究变得简捷且利于分析。

现在研究非理想硬件的文献很多，以下列出具有代表性的文献，来表述近些年的发展现状。文献［97］总结了上述几种损伤噪声模型，归纳出具有代表性的三节点损伤噪声通用模型，其模型如图 1-6 所示，源端 S 通过中继端 R 和目的端 D 进行通信，其中 η_1 和 η_2 分别表示在源端 S 和中继端 R 等效的损伤噪声，v_1 和 v_2 分别表示加性高斯噪声。由图 1-6 可以看出，作者将非理想硬件损伤噪声因素的影响转化为和发射功率有关的加性损伤噪声分量，并且统一建模为发射端的噪声。

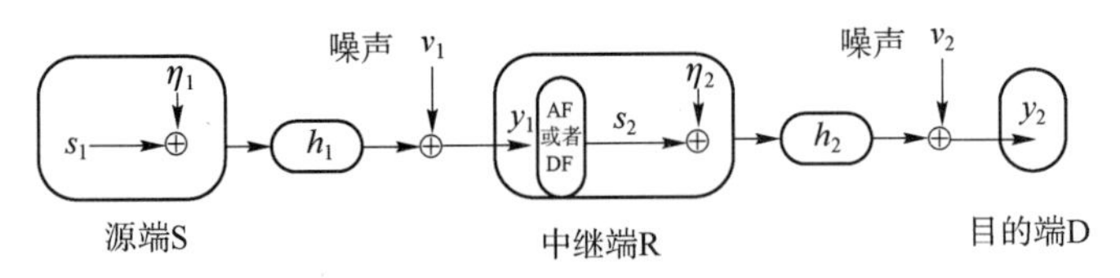

图 1-6　单向中继网络中损伤建模模型

基于此类模型，文献［98］首先分析了多中继损伤噪声条件下的中继网络性能。假设每个中继的损伤程度相同，并以此为基础分析了部分和机会中继选择策略对系统性能带来的影响。当系统存在损伤噪声时，系统的中断概率和遍历容量会出现平台效应，即随着信噪比增加，系统性能并不随之改变。文献［99］研究了中继选择策略在同时具有损伤噪声和同频干扰的认知中继网络的作用，并发现在低信噪比时干扰的影响大，在高信噪比时，损伤噪声起主要作用。文献［100］研究了中继选择策略在认知损伤网络中的应用，同时考虑了同频干扰和损伤噪声，从中可以看出系统在遭受损伤噪声时，系统中断概率和遍历容量都会出现平台效应，而且此种类型的平台界值只和损伤噪声的大小有关，与其余参量无关。文献［101］率先得到了损伤噪声对于安全网络性能的影响，同时应用最经典的损伤噪声模型，通过分析可知，损伤噪声可很大程度上减弱系统性能，并且系统非零安全中断概率、安全中断概率和平均安全容量仅依赖于损伤噪声的大小。

随着频率资源的日益紧张，提高频谱利用率成为当务之急，由此双向中继应运而生。文献［102］归纳总结提出了双向中继系统损伤噪声的模型。如图 1-7 所示，图中包含两个源端 S_1 和 S_2，损伤噪声同时存在于源端 S_1 和 S_2 处，在中继端 R 同样存在着由于损伤引起的噪声，损伤噪声建模为和发射功率相关的加性噪声，后续双向中继网络中的损伤噪声模型大多基于此。文献［103］研究了损伤噪声下双向中继半双工译码转发系统的性能，分析并得到了基于莱斯信道的系统中断概率和吞吐量的准确闭式表达式，同时信道状态信息的不准确会进一步加重损伤噪声对于系统性能的影响。文献［104-106］考虑了损伤噪声和信道信息不准确对系统性能的同时影响，指出，在低信噪比时不准确的信道状态信息对系统性能的影响大，在高信噪比时损伤噪声对于系统性能影响大。

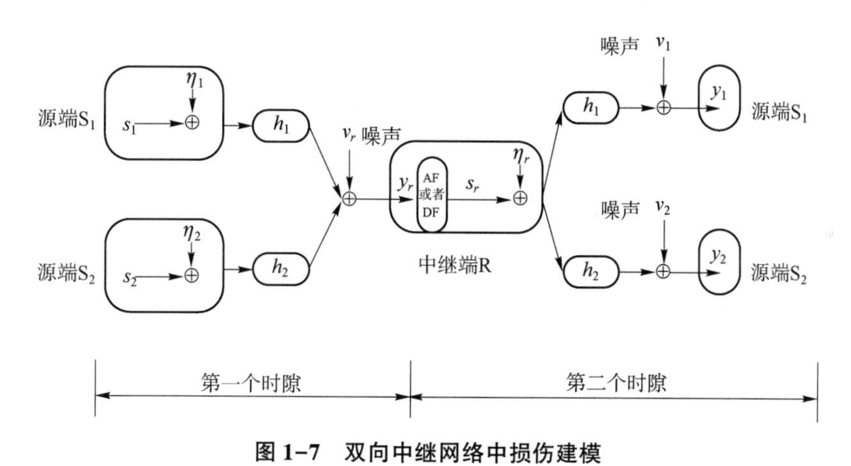

图 1-7 双向中继网络中损伤建模

如图 1-8 所示，多天线技术充分利用空间资源，进而提高网络或者系统的分集增益，进一步消除无线通信中存在的多径影响和快时变影响，有效提升系统的性能，包括提高可靠传输性、加强长距离的传输和增大系统的通信容量等。文献［107-108］给出了多天线系统中上行链路和下行链路损伤噪声的建模问题。文献［109-110］研究了损伤噪声对多天线系统遍历容量的影响。

文献［111］分析了多天线中损伤噪声的来源以及多天线中损伤噪声对系统性能的不良影响。文献［112］研究了训练序列在损伤噪声系统中的作用，并得到了不同训练序列对系统性能的影响。文献［113-114］给出了损伤噪声对于全双工多天线系统的影响，并以可达速率为评价指标定量分析了损伤大小对于通信速率的影响。文献［115］在损伤噪声的条件

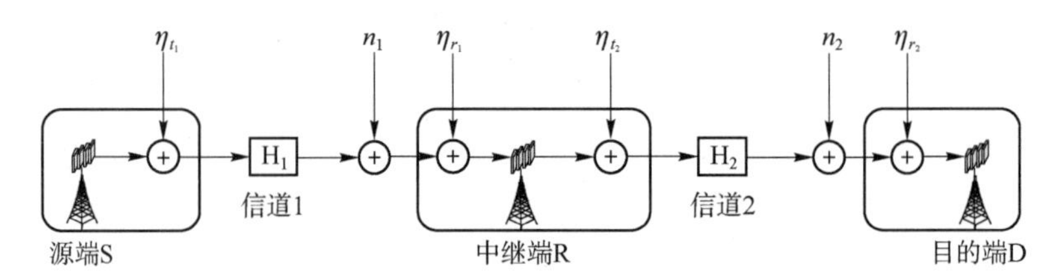

图 1-8　多天线中继系统中损伤建模图

下，联合考虑多天线双向网络中卫星源端和中继端的编码设计问题。文献［116］分析了损伤噪声对于多天线全双工网络的影响，并且以系统频谱效率等指标评判了损伤噪声对于系统性能的影响。文献［117-118］研究了大规模天线中损伤噪声的影响，并以最大可达速率为目标量化分析了损伤噪声对于可达速率的影响。文献［119］研究了非理想硬件对于大规模天线系统的影响，并以能量效率、遍历容量限制等指标分析了损伤噪声对于系统性能的影响，同时分析了损伤噪声在大规模天线系统中对于频谱效率的影响。文献［120］研究了损伤噪声对于多小区大规模天线系统性能的影响，并分析了其对上行链路和下行链路质量的影响。

1.2.4　卫星通信系统协作传输中的物理层安全研究

物理层安全技术的理论根源来自众所周知的信息论基础。1949 年，香农博士对具有保密要求的通信系统中理论进行了研究，其采用秘钥分发机制实现无条件的安全传输。由于此保密方法的实现复杂度过高，所以难以在实际的通信系统中加以利用。1975 年，怀纳博士将保密传输的安全理论应用到实际的无线通信系统中，提出了经典的窃听信道模型，如图 1-9 所示。此模型由源端 S（Alice）、目的端 D（Bob），以及窃听端 E（Eve）构成。源端 S 与目的端 D 之间的通信信道称为合法信道，而源端 S 与窃听端 E 之间的通信信道称为窃听信道，窃听端 E 通过窃听信道，窃取源端 S 和目的端 D 之间的通信信息。

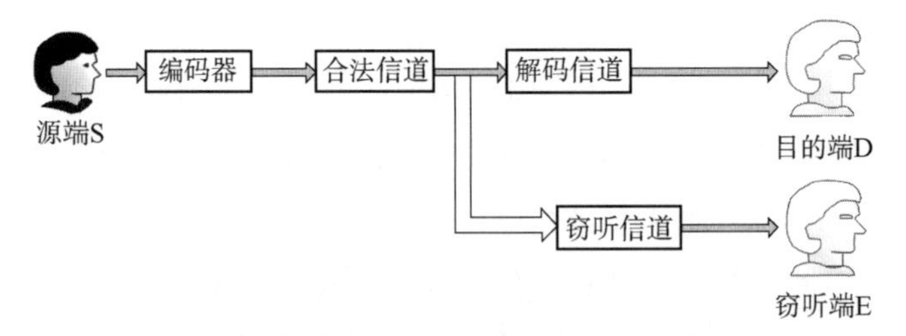

图 1-9　经典的窃听模型

由于卫星的广域性和开放性，所以其更容易遭受安全的威胁。经典的卫星窃听模型如图 1-10 所示：卫星源端 S 将信号传输给目的端 D，而此时在同一个区域内的窃听端 E 主动获取卫星下行的信号从而导致卫星物理层安全问题。正如上面所分析的，通常卫星源端 S 和目的端 D 之间会由于严重的衰减而无法通信，此时需要中继辅助进行通信，此时的窃听端 E 则窃听来自转发中继端 R 的信号（图 1-11），也不再需要窃听卫星源端 S 的信号，从而进一步加大了窃听的概率。

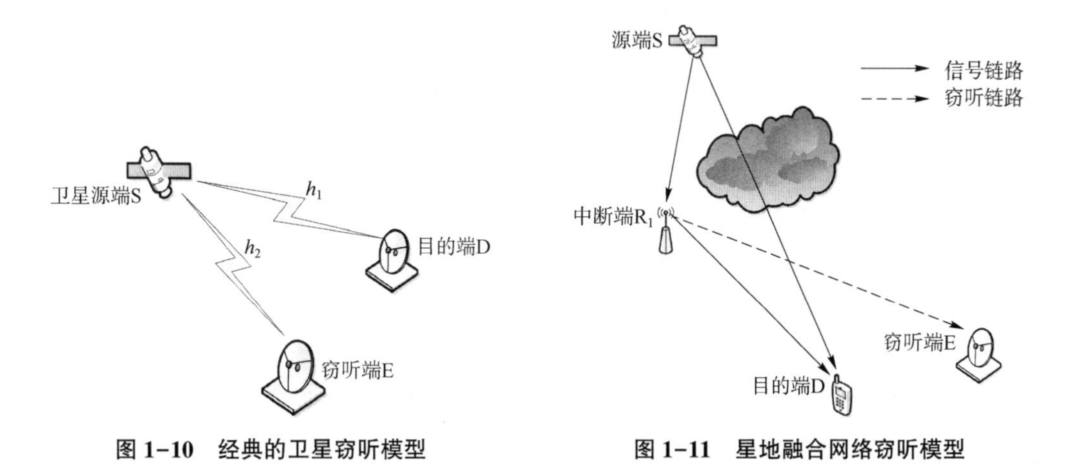

图 1-10 经典的卫星窃听模型

图 1-11 星地融合网络窃听模型

目前，卫星物理层安全性能分析还处于初步研究阶段。文献［121］首先提出了多波束卫星的物理层安全问题，并以系统安全速率为评价指标分析了系统性能。文献［122］详细系统地研究了多波束对于系统安全性能的影响，特别是分析了信道状态信息已知和信道状态信息未知时多波束系统的安全性能，为后续研究做了坚实的铺垫。因此，后来的研究大多以此文献为基础，研究卫星通信系统中不同场景下的安全问题。文献［123］研究了卫星下行链路中安全中断问题。文献［124］研究了卫星下行链路中平均安全容量的问题。文献［125］研究了多天线对卫星下行链路中系统性能的影响，并以平均安全容量为指标分析了系统各项参数对于系统性能的影响。文献［126］分析了卫星下行链路中安全问题，并且得到了系统平均安全容量的准确闭式表达式及高信噪比时的渐进表达式。文献［127］首先研究了星地融合协作网络中的安全问题，以地面中继作为节点，卫星和地面接收站作为系统两端，并以安全中断概率为指标分析了最佳中继选择策略对于系统性能的影响。文献［128］分析了部分中继选择策略和最佳中继选择策略对于多中继星地融合协作网络安全中断性能的影响。文献［129］分析了星地融合网络中多窃听者的场景，并在此场景下得到了安全中断概率的准确表达式和高信噪比下的渐进表达式。

总结以上关于卫星通信系统及星地融合网络的研究现状可以发现，尽管协作通信、认知技术、非理想硬件和安全问题都有了一定程度的研究。但是，基于中继选择的协作卫星通信系统仍是一个有较大研究空间的空白领域，特别是在损伤噪声基础上研究中继选择策略对于卫星通信系统性能的影响仍处于大有可为的阶段。随着基础建设的逐渐完善以及卫星处理能力的不断增强，卫星覆盖多用户已经成为常态，在此基础上进行的中继选择策略将会是今后研究的重点领域。基于上述分析，对卫星通信系统中的协作传输问题进行研究，可为工程实践提前做出扎实的理论铺垫，值得深入研究。

1.3　本书的主要内容

本书主要针对卫星通信系统中的协作传输问题开展研究，着重从同频干扰下的双跳卫星中继传输问题、星地融合网络中单向多中继选择问题、双向中继问题、认知中继问题以及安全协作传输等方面展开，提出了不同场景中的协作传输方案，评估了系统的性能，揭示了关键参数对于系统性能的影响，为卫星通信系统中的协作传输研究提供强有力的理论和技术支撑。本书的主要内容框架如图 1-12 所示。

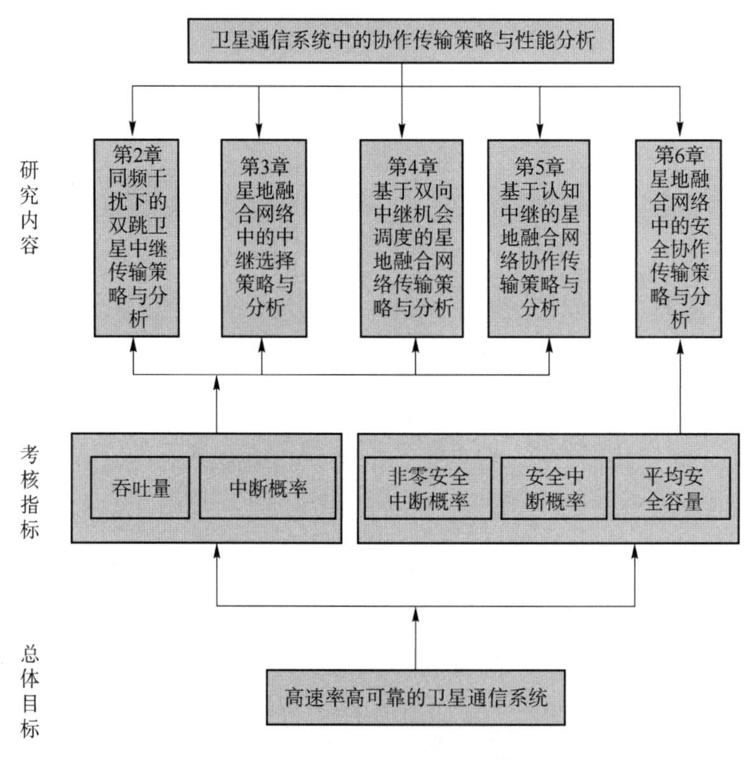

图 1-12　本书的主要内容框架

本书主要的研究工作如下。

(1) 同频干扰下的双跳卫星中继传输策略与分析。针对同频干扰下的卫星中继网络，考虑卫星中继受到来自地面的同频干扰，卫星用户受到来自地面的同频干扰和系统硬件非理想所引起的损伤噪声，提出了基于最大比发射和最大比合并的协作传输方案。基于所提出的方案，首先推导出该卫星中继网络在译码转发协议下的中断概率和吞吐量的准确闭式表达式；然后进一步分析了高信噪比时的中断概率和吞吐量渐进解以及由此推导出的分集增益和阵列增益。理论和仿真结果表明，同频干扰会严重影响系统性能，其仅降低阵列增益，对分集增益不产生影响，系统传输两跳链路中较差一条的天线数目影响系统的分集增益。损伤噪声严重减弱系统性能，导致系统性能存在平台效应，超过平台阈值时，系统性能不变。

（2）星地融合网络中的中继选择策略与分析。针对星地融合网络，在考虑系统损伤噪声的基础上，首先提出了存在多个地面中继时基于阈值的中继选择策略，并在此策略的基础上得到了系统中断概率和吞吐量的准确闭式表达式；然后，在高信噪比时推导出系统中断概率和吞吐量的渐进表达式，得到了基于中继选择策略下的系统分集增益和阵列增益。理论和仿真结果表明，所提出的中继选择策略提高了系统性能，同时在系统性能与实现复杂度方面有很好的折中。所设定的阈值对于系统性能有很大的影响，阈值越大，系统性能越好，但是系统复杂度越高。因此，实际应用时需要根据能承受的复杂度和所要求的系统性能做出合适取舍，损伤噪声程度的增大和阴影衰落加剧严重降低系统性能。

（3）基于双向中继机会调度的星地融合网络传输策略与分析。针对存在多个双向地面中继的星地融合网络，首先采用机会中继选择策略得到了放大转发和译码转发协议下的系统中断概率和吞吐量的准确闭式表达式；然后进一步考虑高信噪比下的系统性能，推导出系统中断概率和吞吐量的渐进表达式，并以此为基础分析了该系统分集增益和阵列增益。理论和仿真结果可知，机会中继选择策略的应用很大程度提高了系统性能，且系统的分集增益随着中继数目增加而增大，阵列增益随着地面中继天线数目增加而增大。当系统存在损伤噪声时，系统性能随着损伤程度增大而恶化，同时出现平台效应。

（4）基于认知中继的星地融合网络协作传输策略与分析。针对认知条件下的星地融合网络，设计了次级用户网络的最坏情况，即多个主用户同时工作且占用相同频谱，并考虑系统中各节点都遭受损伤噪声和非理想的信道状态信息。首先，在联合考虑地面次级用户最大发射功率以及主卫星网络干扰温度条件限制下，推导出了地面次级用户中断概率和吞吐量的准确闭式表达式；然后为了分析系统参数在高信噪比时对中断性能和吞吐量的影响，进一步得到了次级用户中断概率和吞吐量的渐进表达式，以此为基础分析了地面次级用户所能获得的分集增益和阵列增益。理论和仿真结果表明，在主用户数目增多、估计信号长度减少、损伤噪声增加、信道衰落加剧的情况下，次级用户中断性能和吞吐量随之而恶化，因此系统的中断概率和吞吐量在损伤噪声达到一定程度时出现上界。

（5）星地融合网络中的安全协作传输策略与分析。针对存在窃听者的星地融合网络，同时考虑多个中继、多个主用户和多个窃听者。首先，设计了一种结合解码中继的联合中继和用户调度策略，在考虑窃听者协作窃听和非协作窃听两种场景的基础上，分别推导出系统非零安全中断概率、安全中断概率和平均安全容量的准确闭式表达式；然后，为了直观反映各系统参数在高信噪比下对系统性能的影响，进一步得到非零安全中断概率、安全中断概率和平均安全容量的渐进表达式。理论和仿真结果表明，中继数目、合法用户数目和窃听者数目严重影响系统性能，并且系统性能随着中继数目、合法用户数目增加以及窃听者数目减少而增强。进一步分析可知，非协作窃听场景的系统性能要优于协作窃听场景的系统性能。

1.4 本书的结构

本书总共分为 7 章，具体结构如下。

第 1 章 绪论。主要介绍研究的背景、研究意义以及本书中所用技术的研究现状。

第 2 章 同频干扰下的双跳卫星中继传输策略与分析。针对同频干扰下的双跳卫星中继传输系统，主要研究了损伤噪声、同频干扰对于系统性能的影响，分析了在最大比发射和最大比合并的协作传输方案下系统中断概率和吞吐量等性能，总结了此两种因素对于系统性能的影响。

第 3 章 星地融合网络中的中继选择策略与分析。针对多中继下的星地融合网络，提出了基于选择阈值的中继选择策略，并基于此策略，研究了系统的中断概率和吞吐量等性能指标，分析了不同的选择阈值对于系统性能的影响及损伤噪声对于系统性能的影响，同时对比得到了所提策略与已有策略性能的优劣。

第 4 章 基于双向中继机调度的星地融合网络传输策略与分析。针对双向中继下的星地融合网络，设计了基于星地协作网络的双向机会中继选择策略，并在此策略基础上分析了多天线、放大转发协议以及译码转发协议对于系统性能的影响，并以中断概率和吞吐量为评价指标分析了不同参量对于系统性能的影响。

第 5 章 基于认知中继的星地融合网络协作传输策略与分析。针对认知中继下的星地融合网络，设计了地面次级用户网络的最坏情况，在系统中采用主用户最大功率限制条件，分析了地面次级用户网络在认知条件下的中断概率和吞吐量等性能，进一步分析了次级用户网络在高信噪比时的中断概率和吞吐量等性能，并着重研究了损伤噪声对于系统性能的限制。

第 6 章 星地融合网络中的安全协作传输策略与分析。针对星地融合网络中的安全传输问题，提出了联合中继和用户调度策略，在此策略基础上，分析了中继数目、用户数目、窃听者数目等条件对于系统性能的影响，得到了非零安全中断概率、安全中断概率和平均安全容量等系统指标的准确闭式表达式及其在高信噪比下的渐进表达式。

第 7 章 总结。

第 2 章 同频干扰下的双跳卫星中继传输策略与分析

2.1 引　　言

卫星中继的应用不仅可以有效提高系统的传输范围，而且可有效提高源端和目的端之间的传输质量。由于频谱的复用，在卫星中继端经常会遭受来自地面的同频干扰，同时随着地面通信所用频率的提高，地面通信和卫星通信的频率会有部分重叠，导致在地面接收端同样存在由于使用相同的通信频率而产生的同频干扰。同频干扰对于系统的性能影响大，文献［48］重点研究了同频干扰对于系统性能的影响，发现同频干扰会严重影响系统的误码率。文献［50］研究了多天线系统中同频干扰对系统性能的影响，其会降低多天线带来的阵列增益。

如第 1 章所介绍的，卫星通信系统中的硬件通常是非理想的，经常会遭受 I/Q 支路不均衡、射频噪声以及高功率放大等不利因素影响，同时由于系统自身对此等不利因素处理不完全带来的剩余损伤噪声对于系统性能的影响更是不容忽略。文献［24］研究了理想硬件下放大转发协议下以卫星中继的通信系统性能，并且研究了中断概率等性能指标。文献［130］研究了理想硬件下译码转发协议下的卫星中继系统的性能问题。前期工作主要研究理想硬件下的系统性能，忽略了损伤噪声对于系统性能的影响，而损伤噪声是实际通信系统中的一个重要因素，因此有着研究的必要性。

基于以上考虑，本章首先定量地研究了同频干扰对于系统性能的影响；然后应用最大比发射和最大比合并策略分析了损伤噪声对于系统性能的影响，分别研究了系统中断概率和吞吐量等性能指标；最后分析了高信噪比下同频干扰和损伤噪声对于系统性能的影响。

2.2 系统模型

图 2-1 所示为同频干扰下双跳卫星中继网络，图中包含了一个地面同步卫星中继端 R，配置 N_1 根天线的地面源端 S 和 N_2 根天线的目的端 D。由于较长的距离和强烈的衰落，因此在地面源端 S 和目的端 D 之间并不考虑直传链路，因此需要卫星中继的辅助进行通信。不

同于文献［29-130］中考虑的场景，本章假设系统中各个节点都遭受损伤噪声，并且在卫星中继处遭受来自地面的 M_1 个单天线干扰端的干扰，同时在地面目的端 D 遭受来自同一个波束内的 M_2 个单天线的同频干扰端的干扰。

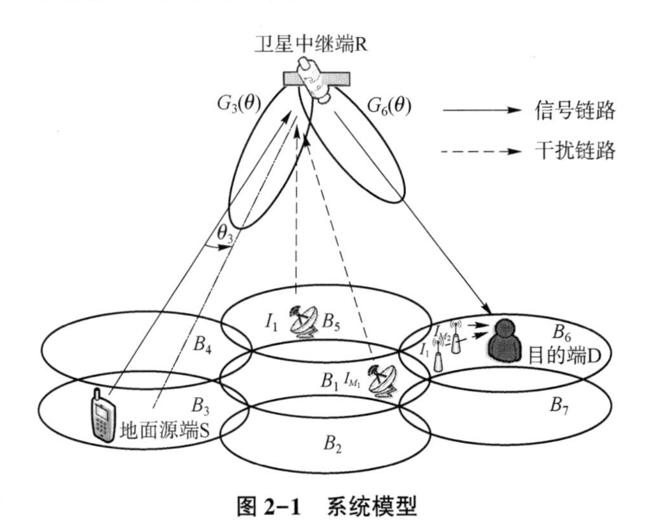

图 2-1　系统模型

2.2.1　卫星信道模型

对于同步卫星中继，多波束经常通过阵列反射器得到，这样得到的波束比直接阵列增益更加有效。在这种情况下，每个波束的辐射模式固定，因此对星上处理能力的要求会大大降低。进一步，卫星通信采用时分多址（Time Division Multiple Access，TDMA）传输方式，因此每个波束在一个固定的时隙内只有一个地面用户在工作。本章中，地面发射端和接收端分别配置 $N(N\in N_1,N_2)$ 根天线，因此在上行链路和下行链路中，地面站（地面源端和目的端）和卫星的第 k 个波束之间的信道参量 $\boldsymbol{f}_k\in C^{N\times 1}$ 可表示为

$$\boldsymbol{f}_k=C_k\boldsymbol{h}_k \tag{2-1}$$

式中：$\boldsymbol{h}_k\in C^{N\times 1}$ 表示卫星信道衰落参量；C_k 表示链路损失，其中包括自由空间损耗、天线辐射方向图等因素。

链路损失可表示为

$$C_k=\frac{\lambda}{4\pi}\sqrt{\frac{G_kG_{\mathrm{ES}}}{d^2+d_0^2}} \tag{2-2}$$

式中：λ 为载波的波长；d 为地面站到卫星中心第 k 个波束的距离；d_0 为同步卫星的高度；G_{ES} 为地面站的天线增益；G_k 为卫星上第 k 个波束的增益。

第 k 个波束的增益可表示为

$$G_kk\approx G_{\max}\left(\frac{J_1(u)}{2u}+36\frac{J_3(u)}{u^3}\right)^2 \tag{2-3}$$

式中：$G_{\max}$为最大波束增益；J_1 和 J_3 分别为 1 阶和 3 阶贝塞尔函数，$u=2.07123\sin\theta_k/\sin\bar{\theta}_k$，$\theta_k$ 为地面站位置到卫星上第 k 个波束中心的夹角；$\bar{\theta}_k$ 为第 k 个波束的 3 dB 的夹角，且为定值。

尽管如 Loo、Barts-Stutzman 和 Karasawa 等信道模型已用来描述信道的衰落向量 $\boldsymbol{h}_k$，但是其信道衰落的统计分布表达式极其复杂。由此提出阴影莱斯信道模型来描述卫星的信道，该信道统计分布模型是在现有成果的基础上进行改进，所得到的统计分布表达式更加简化，推导复杂度低。信道的衰落分量 $\boldsymbol{h}_k$ 可表示为 $\boldsymbol{h}_k=\bar{\boldsymbol{h}}_k+\tilde{\boldsymbol{h}}_k$，$\bar{\boldsymbol{h}}_k$ 为视距分量的衰落分量，并且服从独立同分布 Nakagami-m 分布，而代表多径分量的$\tilde{\boldsymbol{h}}_k$ 则服从独立同分布的 Rayleigh 分布，这一部分内容将在 2.3 节中详细描述。

2.2.2 信号模型

信号传输占用两个时隙，在第一个时隙，源端 S 首先对所发送的信号采用波束成形技术，信号 $s(t)$ 幅度满足 $E[|s(t)|^2]=1$，波束成形矢量为 $\boldsymbol{w}_1\in C^{N_1\times 1}$ 且其范数为 1，即 ($\|\boldsymbol{w}_1\|^2=1$)；然后通过上行链路信道将信号传输到卫星中继端 R。在传输的过程中同时考虑同频干扰和损伤噪声，因此在第 k 个星上波束接收到的信号可表示为

$$y_{\mathrm{r.k}}(t)=\sqrt{P_{\mathrm{s}}}\boldsymbol{f}_{u,k}^{\mathrm{H}}\boldsymbol{w}_1[s(t)+\boldsymbol{\eta}_{\mathrm{s}}(t)]+\sum_{j=1}^{M_1}\sqrt{P_j}f_{j,k}[x_j(t)+\boldsymbol{\eta}_{\mathrm{j}}(t)]+\boldsymbol{\eta}_r(t)+n_1(t) \tag{2-4}$$

式中：P_{s} 为源端 S 的发射功率；$\boldsymbol{f}_{u,k}^{\mathrm{H}}\in C^{N_1\times 1}$为上行链路中地面站到卫星第 k 个波束中心的信道衰落矢量；P_j 为在卫星中继端 R 处第 j 个干扰的功率；$x_j(t)$为第 j 个干扰信号并且信号幅度量化为 1，满足 $E[|x(t)|^2]=1$；$f_{j,k}$为第 j 个干扰到第 k 个波束中心的信道衰落系数；$\boldsymbol{\eta}_{\mathrm{s}}(t)$和 $\boldsymbol{\eta}_{\mathrm{j}}(t)$为在源端 S 和干扰端引起的损伤噪声，可分别表示为 $\boldsymbol{\eta}_{\mathrm{s}}(t)\sim\mathcal{CN}(0,k_{\mathrm{s}}^2)$ 和 $\boldsymbol{\eta}_{\mathrm{j}}(t)\sim\mathcal{CN}(0,k_j^2)$，$k_{\mathrm{s}}$ 与 k_{j} 为衡量损伤因子大小的量；$n_1(t)\sim\mathcal{CN}(0,\delta_1^2)$表示在卫星中继端 R 的高斯白噪声信号（Additive White Gaussian Noise，AWGN），且 $\delta_1^2=KTB$；K 为玻耳兹曼常数，T 为噪声温度；B 为系统带宽；$\boldsymbol{\eta}_{\mathrm{r}}(t)$为卫星中继端 R 的接收损伤噪声。

根据文献［109］，$\boldsymbol{\eta}_{\mathrm{r}}(t)$可表示为 $\boldsymbol{\eta}_{\mathrm{r}}(t)\sim\mathcal{CN}(0,Y_{\mathrm{r}})$，且 Y_{r} 可定义为

$$Y_{\mathrm{r}}=k_{\mathrm{r}}^2P_{\mathrm{s}}|\boldsymbol{f}_{u,k}^{\mathrm{H}}\boldsymbol{w}_1|^2+\sum_{j=1}^{M_1}k_{\mathrm{I}}^2P_j|f_{j,k}|^2 \tag{2-5}$$

式中，k_{r} 和 k_{I} 分别表示从地面站和干扰端分别到卫星中继端 R 接收时的损伤因子大小。

在第二个时隙，卫星中继端 R 首先应用译码转发协议在信号 $y_{r.k}(t)$中解码信号 $s(t)$；然后将其通过卫星上的第 l 个波束和相应的下行链路信道转发给目的端 D。在第二条链路中

同样考虑地面站干扰影响和损伤噪声，由此在目的端 D 接收到的信号为

$$y_{d,1}(t)=\sqrt{P_r}\boldsymbol{w}_2^{H}\boldsymbol{f}_{d,l}[s(t)+\eta_{rt}(t)]+\sum_{\xi=1}^{M_2}\sqrt{P_\xi}\boldsymbol{w}_2^{H}\boldsymbol{f}_{\xi,1}[x_\xi(t)+\eta_\xi(t)]+\eta_d(t)+\boldsymbol{w}_2^{H}\boldsymbol{n}_2(t) \tag{2-6}$$

式中：P_r 为卫星第 l 个波束的传输能量；$\boldsymbol{w}_2\in C^{N_2\times 1}$ 为单位范数（$\|\boldsymbol{w}_2\|^2=1$）的目的端 D 的波束成形矢量，用来增强接收到的信号；$\boldsymbol{f}_{d,l}\in C^{N_2\times 1}$ 为第 l 个卫星波束到多天线目的端 D 的下行链路衰落矢量；P_ξ 为第 ξ 个干扰的功率；$\boldsymbol{f}_{\xi,1}$ 为第 ξ 个干扰到目的端 D 的信道矢量；$x_\xi(t)$ 为第 ξ 个干扰的信号且有 $E|x_\xi(t)|^2=1$；$\boldsymbol{n}_2(t)$ 为目的端 $N_2\times 1$ 维加性高斯白噪声矢量，其均值为 0，协方差矩阵 $\delta_2^2\boldsymbol{I}$，并且有 $\delta_2^2=KTB$；$\eta_{rt}(t)$、$\eta_\xi(t)$ 和 $\eta_d(t)$ 分别为卫星中继发射端 R、干扰发射端 I 和目的端 D 的损伤噪声且可表示为 $\eta_{rt}(t)\sim\mathcal{CN}(0,k_{rt}^2)$、$\eta_\xi(t)\sim\mathcal{CN}(0,k_\xi^2)$ 和 $\eta_d(t)\sim\mathcal{CN}(0,Y_d)$，其中，

$$Y_d=k_{rr}^2P_r|\boldsymbol{w}_2^{H}\boldsymbol{f}_{d,l}|^2+\sum_{\xi=1}^{M_2}k_{\xi r}^2P_\xi|\boldsymbol{w}_2^{H}\boldsymbol{f}_{\xi,1}|^2 \tag{2-7}$$

式中，k_{rt}、k_{rr}、k_ξ 和 $k_{\xi r}$ 分别为损伤噪声大小的参量。

2.2.3 问题建模

本节根据上述描述的系统和信号模型得到最佳的传输和接收波束成形矢量，从而使系统端到端信干损噪比（Signal-to-interference-plus-noise-and-distortion Ratio，SINDR）达到最大化。应用式（2-1）和式（2-4），在第 k 个卫星波束的最终信干损噪比可表示为

$$\begin{aligned}\gamma_{1,k}&=\frac{P_s|\boldsymbol{f}_{u,k}^{H}\boldsymbol{w}_1|^2}{(k_s^2+k_r^2)P_s|\boldsymbol{f}_{u,k}^{H}\boldsymbol{w}_1|^2+(1+k_j^2+k_I^2)\sum_{j=1}^{M_1}P_j|f_{j,k}|^2+\delta_1^2}\\&=\frac{P_sC_k|\boldsymbol{h}_{u,k}^{H}\boldsymbol{w}_1|^2}{(k_s^2+k_r^2)C_kP_s|\boldsymbol{h}_{u,k}^{H}\boldsymbol{w}_1|^2+(1+k_j^2+k_I^2)\sum_{j=1}^{M_1}P_j|f_{j,k}|^2+\delta_1^2}\end{aligned} \tag{2-8}$$

由于 $\gamma_{1,k}$ 是 $C_k|\boldsymbol{h}_{u,k}^{H}\boldsymbol{w}_1|^2$ 的单调递增函数，式（2-8）的最大输出信干损噪比在 C_k 和 $|\boldsymbol{h}_{u,k}^{H}\boldsymbol{w}_1|^2$ 同时达到最大时得到。根据式（2-3），卫星的波束增益是由源端 S 的位置决定的。假设所有地面站的位置在网关是可知的，在第一个时隙，在星上的波束角 $\theta_k\to 0$，并用于接收地面站的信号，可推出 $G_k\approx G_{\max}$。为了得到最佳的传输波束成形矢量 $\boldsymbol{w}_1$，本节构建了一个约束的优化问题为

$$\begin{cases}\arg\max\limits_{\boldsymbol{w}_1}|\boldsymbol{h}_{u,k}^{H}\boldsymbol{w}_1|^2\\ s.t.\ \|\boldsymbol{w}_1\|^2=1\end{cases} \tag{2-9}$$

从文献［134］可知，当 $\boldsymbol{w}_1=\boldsymbol{h}_{u,k}/\|\boldsymbol{h}_{u,k}\|$，$|\boldsymbol{h}_{u,k}^{\mathrm{H}}\boldsymbol{w}_1|^2$ 达到最大值。将 $\boldsymbol{w}_1=\boldsymbol{h}_{u,k}/\|\boldsymbol{h}_{u,k}\|$代入式（2-8），经过一些必要的推导步骤，在卫星中继端 R 的最大信干损噪比可表示为

$$\gamma_{1,k}^{\max}=\frac{\gamma_{\mathrm{s}}}{\gamma_{\mathrm{s}}(k_{\mathrm{s}}^2+k_{\mathrm{r}}^2)+\gamma_{\mathrm{I}}(1+k_j^2+k_{\mathrm{I}}^2)+1} \tag{2-10}$$

式中：$\gamma_{\mathrm{s}}=P_{\mathrm{s}}C_{\max}\|\boldsymbol{h}_{u,k}\|^2/\delta_1^2\triangleq\bar{\gamma}_{\mathrm{s}}\|\boldsymbol{h}_1\|^2,\gamma_{\mathrm{I}}=\sum_{j=1}^{M_1}P_{\mathrm{j}}|f_{j,k}|^2/\delta_1^2\triangleq\bar{\gamma}_I\sum_{j=1}^{M_1}|f_{j,k}|^2$。

用同理，在第 l 个波束的夹角 $\theta_l\to0$ 时，用来传输信号到达目的端 D，当 $\boldsymbol{w}_2=\boldsymbol{h}_{d,l}/\|\boldsymbol{h}_{d,l}\|$作为目的端 D 的波束成形矢量，最大的输出的信干损噪比可表示为

$$\gamma_{2,l}^{\max}=\frac{\gamma_{\mathrm{r}}}{\gamma_{\mathrm{r}}(k_{\mathrm{rt}}^2+k_{\mathrm{rr}}^2)+\gamma_{\mathrm{J}}(1+k_{\xi}^2+k_{\xi\mathrm{r}}^2)+1} \tag{2-11}$$

式中：$\gamma_{\mathrm{r}}=P_{\mathrm{r}}C_{\max}\|\boldsymbol{h}_{d,l}\|^2/\delta_2^2\triangleq\bar{\gamma}_{\mathrm{r}}\|\boldsymbol{h}_2\|^2$，$\gamma_{\mathrm{J}}=\sum_{\xi=1}^{M_2}P_{\xi}|\boldsymbol{h}_{\xi,1}|^2/\delta_2^2$。

后续章节为了表示简洁性，将用 γ_1 代替 $\gamma_{1,k}^{\max}$，用 γ_2 代替 $\gamma_{2,l}^{\max}$。由于本章中应用译码转发协议，因此最后的端到端信干损噪比可表示为

$$\gamma_{\mathrm{e}}=\min(\gamma_{1,k}^{\max},\gamma_{2,l}^{\max})\triangleq\min(\gamma_1,\gamma_2) \tag{2-12}$$

2.3　信道的统计特性

2.3.1　卫星信道统计特性

根据文献［23］，$\gamma_{\mathrm{i}}=\bar{\gamma}_{\mathrm{i}}\ |h_{\mathrm{i}}|^2$ 的概率密度函数可表示为

$$f_{\gamma_{\mathrm{i}}}(x)=\frac{\alpha_{\mathrm{i}}}{\bar{\gamma}_{\mathrm{i}}}\mathrm{e}^{-\frac{\beta_{\mathrm{i}}}{\bar{\gamma}_{\mathrm{i}}}x}{}_1F_1\left(m_{\mathrm{i}};1;\frac{\delta_{\mathrm{i}}}{\bar{\gamma}_{\mathrm{i}}}x\right),\quad x>0 \tag{2-13}$$

式中：${}_1F_1(.;.;.)$表示合流超几何函数；$\alpha_{\mathrm{i}}=[2b_{\mathrm{i}}m_{\mathrm{i}}/(2b_{\mathrm{i}}m_{\mathrm{i}}+\Omega_{\mathrm{i}})]^{m_{\mathrm{i}}}/2b_{\mathrm{i}}$，$\beta_{\mathrm{i}}=1/(2b_{\mathrm{i}})$，$\delta_{\mathrm{i}}=\Omega_{\mathrm{i}}/[2b_{\mathrm{i}}(2b_{\mathrm{i}}m_{\mathrm{i}}+\Omega_{\mathrm{i}})]$，$\Omega_{\mathrm{i}}$、$2b_{\mathrm{i}}$ 和 m_{i} 分别为直传链路的平均功率、多径分量的平均功率和衰落参数($m_{\mathrm{i}}\in(0,\infty)$)。

在后面的分析中，假设 m_{i} 为整数时，后面可得到 γ_{i} 的概率密度函数。

当 m 为整数时，根据文献［135］，${}_1F_1\left(m_{\mathrm{i}};1;\frac{\delta_{\mathrm{i}}}{\bar{\gamma}_{\mathrm{i}}}x\right)$可表示为

$${}_1F_1\left(m_{\mathrm{i}};1;\frac{\delta_{\mathrm{i}}}{\bar{\gamma}_{\mathrm{i}}}x\right)=\mathrm{e}^{\frac{\delta_{\mathrm{i}}}{\bar{\gamma}_{\mathrm{i}}}x}\sum_{k=0}^{m_{\mathrm{i}}-1}\frac{(-\delta_{\mathrm{i}})^k\ (1-m_{\mathrm{i}})_k x^k}{(\bar{\gamma}_{\mathrm{i}})^k(k!)^2} \tag{2-14}$$

式中，$(x)_q=x(x+1)\cdots(x+q-1)$表示 Pochhammer 信号。

将式（2-14）代入式（2-13），$f_{\gamma_i}(x)$ 可表示为

$$f_{\gamma_i}(x)=\frac{\alpha_i}{\bar{\gamma}_i}e^{-\left(\frac{\beta_i}{\bar{\gamma}_i}-\frac{\delta_i}{\bar{\gamma}_i}\right)x}\sum_{k=0}^{m_i-1}\frac{(-\delta_i)^k(1-m_i)_k x^k}{(\bar{\gamma}_i)^k(k!)^2} \tag{2-15}$$

根据文献［29］，可得 γ_s、γ_r 和 γ_I 的概率密度函数为

$$f_{\gamma_p}(x)=\sum_{k_1=0}^{m_p-1}\cdots\sum_{k_N=0}^{m_p-1}\Xi(N)\gamma_p^{\Lambda_p-1}e^{-\Delta_p\gamma_p},\quad(p\in\{s,r,I\},N\in\{N_1,N_2,M_1\}) \tag{2-16}$$

式中：$\Lambda_p\triangleq N+\sum_{\tau=1}^{N}k_\tau$；$\Xi(N)\triangleq\prod_{\tau=1}^{N}\xi(k_\tau)\alpha_p^N\prod_{v=1}^{N-1}B\left(\sum_{l=1}^{v}k_l+v,\ k_{v+1}+1\right)$，$\xi(k_\tau)=(1-m_p)_{k_\tau}/[(k_\tau!)^2(\bar{\gamma}_p)^{k_\tau+1}]$；$B(.,.)$表示贝塔（Beta）函数；$\Delta_p=(\beta_p-\delta_p)/\bar{\gamma}_p$，$\bar{\gamma}_p$ 为地面站到卫星中继端 R 的平均功率。

根据文献［136］，γ_p 的累积分布函数可表示为

$$F_{\gamma_p}(x)=1-\sum_{k_1=0}^{m_p-1}\cdots\sum_{k_N=0}^{m_p-1}\sum_{\rho=0}^{\Lambda_p-1}\frac{\Xi(N)(\Lambda_p-1)!\ x^\rho}{\rho!\ \Delta_p^{\Lambda_p-\rho}}e^{-\Delta_p x} \tag{2-17}$$

2.3.2 地面信道统计特性

地面信道考虑具有普遍适用性的瑞利信道，根据文献［34］，γ_J 的概率密度函数可表示为

$$f_{\gamma_J}(x)=\sum_{a=1}^{\rho(A_J)}\sum_{b=1}^{\zeta_a(A_J)}\frac{\chi_{a,b}(A_J)\ \bar{\gamma}_{\langle a\rangle}^{-b}}{(b-1)!}x^{b-1}e^{-x/\bar{\gamma}_{\langle a\rangle}} \tag{2-18}$$

式中；$A_J=\mathrm{diag}(\bar{\gamma}_1,\bar{\gamma}_2,\cdots,\bar{\gamma}_{M_2})$；$\rho(A_J)$ 为 A_J 中对角独立元素的个数；$\bar{\gamma}_{\langle 1\rangle}>\bar{\gamma}_{\langle 2\rangle}>\cdots>\bar{\gamma}_{\langle\rho(A_J)\rangle}$表示对角独立元素按照降序排列的结果；$\zeta_a(A_J)$ 为$\bar{\gamma}_{\langle i\rangle}$的元素的重数；$\chi_{a,b}(A_J)$表示矩阵 $\boldsymbol{A}$ 中的(a,b)元素。

2.4 性能分析

本节得到了双跳卫星中继系统的中断概率和吞吐量的准确闭式表达式，以此来量化分析损伤噪声和同频干扰对于系统性能的影响。

2.4.1 中断概率

在无线通信中，中断概率是一个标度系统性能的重要指标，经常定义为系统的瞬时信干损噪比小于可接受的阈值 γ_0 的概率值，可表示为

$$P_{out}(\gamma_0)=\Pr\{\gamma_e\leqslant\gamma_0\} \tag{2-19}$$

由于本章中卫星中继采用译码转发的信号处理方式，因此中断概率可改写为

$$P_{\text{out}}(\gamma_0)=F_{\gamma_1}(\gamma_0)+F_{\gamma_2}(\gamma_0)-F_{\gamma_1}(\gamma_0)F_{\gamma_2}(\gamma_0) \tag{2-20}$$

式中：$F_{\gamma_1}(\gamma_0)$ 和 $F_{\gamma_2}(\gamma_0)$ 可分别表示为

$$\begin{aligned} F_{\gamma_1}(\gamma_0) &= \Pr\left(\frac{\gamma_{\text{s}}}{\gamma_{\text{s}}(k_{\text{s}}^2+k_{\text{r}}^2)+\gamma_{\text{I}}(1+k_{\text{j}}^2+k_{\text{I}}^2)+1}\leqslant\gamma_0\right) \\ &= \begin{cases} \Pr\left(\gamma_{\text{s}}\leqslant\dfrac{\gamma_{\text{I}}(1+k_{\text{j}}^2+k_{\text{I}}^2)\gamma_0+\gamma_0}{1-(k_{\text{s}}^2+k_{\text{r}}^2)\gamma_0}\right), & \gamma_0<\dfrac{1}{k_{\text{s}}^2+k_{\text{r}}^2} \\ 1, \quad \gamma_0\geqslant\dfrac{1}{k_{\text{s}}^2+k_{\text{r}}^2} \end{cases} \end{aligned} \tag{2-21}$$

$$\begin{aligned} F_{\gamma_2}(\gamma_0) &= \Pr\left(\frac{\gamma_{\text{r}}}{\gamma_{\text{r}}(k_{\text{rt}}^2+k_{\text{rr}}^2)+\gamma_{\text{J}}(1+k_{\xi}^2+k_{\xi\text{r}}^2)+1}\leqslant\gamma_0\right) \\ &= \begin{cases} \Pr\left(\gamma_{\text{r}}\leqslant\dfrac{\gamma_{\text{J}}(1+k_{\xi}^2+k_{\xi\text{r}}^2)\gamma_0+\gamma_0}{1-(k_{\text{rt}}^2+k_{\text{rr}}^2)\gamma_0}\right), & \gamma_0<\dfrac{1}{k_{\text{rt}}^2+k_{\text{rr}}^2} \\ 1, \quad \gamma_0\geqslant\dfrac{1}{k_{\text{rt}}^2+k_{\text{rr}}^2} \end{cases} \end{aligned} \tag{2-22}$$

下面将给出 $F_{\gamma_1}(\gamma_0)$ 和 $F_{\gamma_2}(\gamma_0)$ 的具体表达式。

引理 2.1　双跳卫星中继网络的中断概率为

$$P_{\text{out}}(\gamma_0)=\begin{cases} \left[\sum\limits_{k_1=0}^{m_{\text{I}}-1}\cdots\sum\limits_{k_{M_1}=0}^{m_{\text{I}}-1}\dfrac{\Xi(M_1)(\Lambda_{\text{I}}-1)!}{\Delta_{\text{I}}^{\Lambda_{\text{I}}}}-\sum\limits_{k_1=0}^{m_{\text{s}}-1}\cdots\sum\limits_{k_{N_1}=0}^{m_{\text{s}}-1}\sum\limits_{\rho=0}^{\Lambda_{\text{s}}-1}\sum\limits_{k_1=0}^{m_{\text{I}}-1}\cdots\sum\limits_{k_{M_1}=0}^{m_{\text{I}}-1}\dfrac{\Xi(M_1)}{\rho!\ \Delta_{\text{s}}^{\Lambda_{\text{s}}-\rho}}\right. \\ \left.\times\Xi(N_1)(\Lambda_{\text{s}}-1)!\ \sum\limits_{t=0}^{\rho}\dbinom{\rho}{t}\dfrac{B^{\rho-t}A^t\mathrm{e}^{-\Delta_{\text{s}}B}(t+\Lambda_{\text{I}}-1)!}{(\Delta_{\text{I}}+\Delta_{\text{s}}A)^{t+\Lambda_{\text{I}}}}\right]+\left[\sum\limits_{a=1}^{\rho(A_{\text{J}})}\sum\limits_{b=1}^{\zeta_{\text{a}}(A_{\text{J}})}\chi_{a,b}(A_{\text{J}})\right. \\ \left.-\sum\limits_{k_1=0}^{m_{\text{r}}-1}\cdots\sum\limits_{k_{N_2}=0}^{m_{\text{r}}-1}\sum\limits_{\zeta=0}^{\Lambda_{\text{r}}-1}\sum\limits_{s=0}^{\zeta}\sum\limits_{a=1}^{\rho(A_{\text{J}})}\sum\limits_{b=1}^{\zeta_{\text{a}}(A_{\text{J}})}\dbinom{\zeta}{s}\dfrac{D^{\zeta-s}C^s\mathrm{e}^{-\Delta_{\text{r}}D}\Xi(N_2)(\Lambda_{\text{r}}-1)!\ \chi_{a,b}(A_{\text{J}})(s+b-1)!}{\zeta!\ \Delta_{\text{r}}^{\Lambda_{\text{r}}-\zeta}(b-1)!\ \bar{\gamma}_{\langle a\rangle}^{b}(\Delta_{\text{r}}C+1/\bar{\gamma}_{\langle a\rangle})^{s+b}}\right] \\ -\left[\sum\limits_{k_1=0}^{m_{\text{I}}-1}\cdots\sum\limits_{k_{M_1}=0}^{m_{\text{I}}-1}\dfrac{\Xi(M_1)(\Lambda_{\text{I}}-1)!}{\Delta_{\text{I}}^{\Lambda_{\text{I}}}}-\sum\limits_{k_1=0}^{m_{\text{s}}-1}\cdots\sum\limits_{k_{N_1}=0}^{m_{\text{s}}-1}\sum\limits_{\rho=0}^{\Lambda_{\text{s}}-1}\sum\limits_{k_1=0}^{m_{\text{I}}-1}\cdots\sum\limits_{k_{M_1}=0}^{m_{\text{I}}-1}\dfrac{\Xi(M_1)}{\rho!\ \Delta_{\text{s}}^{\Lambda_{\text{s}}-\rho}}\Xi(N_1)(\Lambda_{\text{s}}-1)!\right. \\ \left.\cdot\sum\limits_{t=0}^{\rho}\dbinom{\rho}{t}\dfrac{B^{\rho-t}A^t\mathrm{e}^{-\Delta_{\text{s}}B}(t+\Lambda_{\text{I}}-1)!}{(\Delta_{\text{I}}+\Delta_{\text{s}}A)^{t+\Lambda_{\text{I}}}}\right]\cdot\left[\sum\limits_{a=1}^{\rho(A_{\text{J}})}\sum\limits_{b=1}^{\zeta_{\text{a}}(A_{\text{J}})}\chi_{a,b}(A_{\text{J}})-\sum\limits_{k_1=0}^{m_{\text{r}}-1}\cdots\sum\limits_{k_{N_2}=0}^{m_{\text{r}}-1}\sum\limits_{\zeta=0}^{\Lambda_{\text{r}}-1}\sum\limits_{s=0}^{\zeta}\sum\limits_{a=1}^{\rho(A_{\text{J}})}\sum\limits_{b=1}^{\zeta_{\text{a}}(A_{\text{J}})}\dbinom{\zeta}{s}\right. \\ \left.\cdot\dfrac{D^{\zeta-s}C^s\mathrm{e}^{-\Delta_{\text{r}}D}\Xi(N_2)(\Lambda_{\text{r}}-1)!\ \chi_{a,b}(A_{\text{J}})(s+b-1)!}{\zeta!\ \Delta_{\text{r}}^{\Lambda_{\text{r}}-\zeta}(b-1)!\ \bar{\gamma}_{\langle a\rangle}^{b}(\Delta_{\text{r}}C+1/\bar{\gamma}_{\langle a\rangle})^{s+b}}\right],\quad \gamma_0<\min\left(\dfrac{1}{k_{\text{s}}^2+k_{\text{r}}^2},\dfrac{1}{k_{\text{rt}}^2+k_{\text{rr}}^2}\right) \\ 1,\quad \gamma_0\geqslant\min\left(\dfrac{1}{k_{\text{s}}^2+k_{\text{r}}^2},\quad\dfrac{1}{k_{\text{rt}}^2+k_{\text{rr}}^2}\right) \end{cases} \tag{2-23}$$

证明：见本章附录 A。

2.4.2 吞吐量

系统的吞吐量是无线网络中另一个衡量系统指标的重要参量，可定义为

$$T=\frac{R_{\mathrm{s}}}{2}[1-P_{\mathrm{out}}(\gamma_0)] \tag{2-24}$$

式中：R_{s} 为系统的目标速率。

引理 2.2 双跳卫星中继网络的系统吞吐量为

$$T=\begin{cases}\begin{aligned}&\frac{R_{\mathrm{s}}}{2}\cdot\Bigg\{1-\Bigg\{\Bigg[\sum_{k_1=0}^{m_{\mathrm{I}}-1}\cdots\sum_{k_{M_1}=0}^{m_{\mathrm{I}}-1}\frac{\Xi(M_1)(\Lambda_{\mathrm{I}}-1)!}{\Delta_{\mathrm{I}}^{\Lambda_{\mathrm{I}}}}-\sum_{k_1=0}^{m_{\mathrm{s}}-1}\cdots\sum_{k_{N_1}=0}^{m_{\mathrm{s}}-1}\sum_{\rho=0}^{\Lambda_{\mathrm{s}}-1}\sum_{k_1=0}^{m_{\mathrm{I}}-1}\cdots\sum_{k_{M_1}=0}^{m_{\mathrm{I}}-1}\frac{\Xi(M_1)}{\rho!\ \Delta_{\mathrm{s}}^{\Lambda_{\mathrm{s}}-\rho}}\\&\cdot\Xi(N_1)(\Lambda_{\mathrm{s}}-1)!\ \sum_{t=0}^{\rho}\binom{\rho}{t}\frac{B^{\rho-t}A^t\mathrm{e}^{-\Delta_{\mathrm{s}}B}(t+\Lambda_{\mathrm{I}}-1)!}{(\Delta_{\mathrm{I}}+\Delta_{\mathrm{s}}A)^{t+\Lambda_{\mathrm{I}}}}\Bigg]+\Bigg[\sum_{a=1}^{\rho(A_{\mathrm{J}})}\sum_{b=1}^{\zeta_{\mathrm{a}}(A_{\mathrm{J}})}\chi_{a,b}(A_{\mathrm{J}})\\&-\sum_{k_1=0}^{m_{\mathrm{r}}-1}\cdots\sum_{k_{N_2}=0}^{m_{\mathrm{r}}-1}\sum_{\zeta=0}^{\Lambda_{\mathrm{r}}-1}\sum_{s=0}^{\zeta}\sum_{a=1}^{\rho(A_{\mathrm{J}})}\sum_{b=1}^{\zeta_{\mathrm{a}}(A_{\mathrm{J}})}\binom{\zeta}{s}\frac{D^{\zeta-s}C^s\mathrm{e}^{-\Delta_{\mathrm{r}}D}\Xi(N_2)(\Lambda_{\mathrm{r}}-1)!\ \chi_{a,b}(A_{\mathrm{J}})(s+b-1)!}{\zeta!\ \Delta_{\mathrm{r}}^{\Lambda_{\mathrm{r}}-\zeta}(b-1)!\ \bar{\gamma}_{\langle a\rangle}^{b}(\Delta_{\mathrm{r}}C+1/\bar{\gamma}_{\langle a\rangle})^{s+b}}\Bigg]\\&-\Bigg[\sum_{k_1=0}^{m_{\mathrm{I}}-1}\cdots\sum_{k_{M_1}=0}^{m_{\mathrm{I}}-1}\frac{\Xi(M_1)(\Lambda_{\mathrm{I}}-1)!}{\Delta_{\mathrm{I}}^{\Lambda_{\mathrm{I}}}}-\sum_{k_1=0}^{m_{\mathrm{s}}-1}\cdots\sum_{k_{N_1}=0}^{m_{\mathrm{s}}-1}\sum_{\rho=0}^{\Lambda_{\mathrm{s}}-1}\sum_{k_1=0}^{m_{\mathrm{I}}-1}\cdots\sum_{k_{M_1}=0}^{m_{\mathrm{I}}-1}\frac{\Xi(M_1)}{\rho!\ \Delta_{\mathrm{s}}^{\Lambda_{\mathrm{s}}-\rho}}\Xi(N_1)(\Lambda_{\mathrm{s}}-1)!\\&\cdot\sum_{t=0}^{\rho}\binom{\rho}{t}\frac{B^{\rho-t}A^t\mathrm{e}^{-\Delta_{\mathrm{s}}B}(t+\Lambda_{\mathrm{I}}-1)!}{(\Delta_{\mathrm{I}}+\Delta_{\mathrm{s}}A)^{t+\Lambda_{\mathrm{I}}}}\Bigg]\cdot\Bigg[\sum_{a=1}^{\rho(A_{\mathrm{J}})}\sum_{b=1}^{\zeta_a(A_{\mathrm{J}})}\chi_{a,b}(A_{\mathrm{J}})-\sum_{k_1=0}^{m_{\mathrm{r}}-1}\cdots\sum_{k_{N_2}=0}^{m_{\mathrm{r}}-1}\sum_{\zeta=0}^{\Lambda_{\mathrm{r}}-1}\sum_{s=0}^{\zeta}\sum_{a=1}^{\rho(A_{\mathrm{J}})}\sum_{b=1}^{\zeta_a(A_{\mathrm{J}})}\binom{\zeta}{s}\\&\cdot\frac{D^{\zeta-s}C^s\mathrm{e}^{-\Delta_{\mathrm{r}}D}\Xi(N_2)(\Lambda_{\mathrm{r}}-1)!\ \chi_{a,b}(A_{\mathrm{J}})(s+b-1)!}{\zeta!\ \Delta_{\mathrm{r}}^{\Lambda_{\mathrm{r}}-\zeta}(b-1)!\ \bar{\gamma}_{\langle a\rangle}^{b}(\Delta_{\mathrm{r}}C+1/\bar{\gamma}_{\langle a\rangle})^{s+b}}\Bigg]\Bigg\}\Bigg\},\gamma_0<\min\left(\frac{1}{k_{\mathrm{s}}^2+k_{\mathrm{r}}^2},\ \frac{1}{k_{\mathrm{rt}}^2+k_{\mathrm{rr}}^2}\right)\end{aligned}\\0,\quad \gamma_0\geqslant\min\left(\frac{1}{k_{\mathrm{s}}^2+k_{\mathrm{r}}^2},\frac{1}{k_{\mathrm{rt}}^2+k_{\mathrm{rr}}^2}\right)\end{cases} \tag{2-25}$$

证明：见本章附录 B。

2.5 高信噪比下的渐进性能分析

本节将研究系统在高信噪比下的中断概率和吞吐量，通过渐进性能分析了解同频干扰、损伤噪声和系统节点天线数目对于系统分集增益和阵列增益的影响。

当 $\bar{\gamma}\to\infty$ 并忽略高阶无穷小项后，只考虑式（2-16）和式（2-18）中求和项的第一项。同时，借助于指数项的麦克劳林公式，由此上、下行链路信道在高信噪比下的概率密度函数的近似表达式为

$$f_{\gamma_{\mathrm{p}}}(x)=\frac{\alpha_{\mathrm{p}}^{N}x^{N-1}}{(N-1)!\ \bar{\gamma}_{\mathrm{p}}^{N}}+O(x^N) \tag{2-26}$$

式中，$O(x^N)$ 表示 x^N 的高阶无穷小。

接下来，将推导得到高信噪比下的系统中断概率和吞吐量的渐进表达式。

引理 2.3　高信噪比下系统中断概率和吞吐量的渐进表达式为

$$P_{\mathrm{out}}^{\infty}(\gamma_0)=\begin{cases}\displaystyle\sum_{k_1=0}^{m_\mathrm{I}-1}\cdots\sum_{k_{M_1}=0}^{m_\mathrm{I}-1}\sum_{\varphi=0}^{N_1}\binom{N_1}{\varphi}\frac{\Xi(M_1)\alpha_\mathrm{s}^{N_1}B^{N_1-\varphi}A^{\varphi}(\varphi+\Lambda_\mathrm{I}-1)!}{N_1!\ \bar{\gamma}_\mathrm{s}^{N_1}\Delta_\mathrm{I}^{\Lambda_\mathrm{I}+\varphi}}\\ \displaystyle+\sum_{a=1}^{\rho(A_\mathrm{J})}\sum_{b=1}^{\zeta_\mathrm{a}(A_\mathrm{J})}\sum_{\phi=0}^{N_2}\binom{N_2}{\phi}\frac{\chi_{a,b}(A_\mathrm{J})\alpha_\mathrm{r}^{N_2}D^{N_2-\phi}C^{\phi}(\phi+b-1)!\ \bar{\gamma}_{\langle a\rangle}^{\phi}}{(b-1)!\ N_2!\ \bar{\gamma}_\mathrm{r}^{N_2}}\\ \displaystyle-\sum_{k_1=0}^{m_\mathrm{I}-1}\cdots\sum_{k_{M_1}=0}^{m_\mathrm{I}-1}\sum_{\varphi=0}^{N_1}\binom{N_1}{\varphi}\frac{\Xi(M_1)\alpha_\mathrm{s}^{N_1}B^{N_1-\varphi}A^{\varphi}(\varphi+\Lambda_\mathrm{I}-1)!}{N_1!\ \bar{\gamma}_\mathrm{s}^{N_1}\Delta_\mathrm{I}^{\Lambda_\mathrm{I}+\varphi}}\\ \displaystyle\cdot\sum_{a=1}^{\rho(A_\mathrm{J})}\sum_{b=1}^{\zeta_\mathrm{a}(A_\mathrm{J})}\sum_{\phi=0}^{N_2}\binom{N_2}{\phi}\frac{\chi_{a,b}(A_\mathrm{J})\alpha_\mathrm{r}^{N_2}D^{N_2-\phi}C^{\phi}(\phi+b-1)!\ \bar{\gamma}_{\langle a\rangle}^{\phi}}{(b-1)!\ N_2!\ \bar{\gamma}_\mathrm{r}^{N_2}},\quad\gamma_0<\min\left(\frac{1}{k_\mathrm{s}^2+k_\mathrm{r}^2},\frac{1}{k_\mathrm{rt}^2+k_\mathrm{rr}^2}\right)\\ 1,\quad\gamma_0\geqslant\min\left(\frac{1}{k_\mathrm{s}^2+k_\mathrm{r}^2},\frac{1}{k_\mathrm{rt}^2+k_\mathrm{rr}^2}\right)\end{cases}\tag{2-27}$$

$$T^{\infty}=\begin{cases}\displaystyle\frac{R_\mathrm{s}}{2}\cdot\left\{1-\left\{\sum_{k_1=0}^{m_\mathrm{I}-1}\cdots\sum_{k_{M_1}=0}^{m_\mathrm{I}-1}\sum_{\varphi=0}^{N_1}\binom{N_1}{\varphi}\frac{\Xi(M_1)\alpha_\mathrm{s}^{N_1}B^{N_1-\varphi}A^{\varphi}(\varphi+\Lambda_\mathrm{I}-1)!}{N_1!\ \bar{\gamma}_\mathrm{s}^{N_1}\Delta_\mathrm{I}^{\Lambda_\mathrm{I}+\varphi}}\right.\right.\\ \displaystyle+\sum_{a=1}^{\rho(A_\mathrm{J})}\sum_{b=1}^{\zeta_\mathrm{a}(A_\mathrm{J})}\sum_{\phi=0}^{N_2}\binom{N_2}{\phi}\frac{\chi_{a,b}(A_\mathrm{J})\alpha_\mathrm{r}^{N_2}D^{N_2-\phi}C^{\phi}(\phi+b-1)!\ \bar{\gamma}_{\langle a\rangle}^{\phi}}{(b-1)!\ N_2!\ \bar{\gamma}_\mathrm{r}^{N_2}}\\ \displaystyle-\sum_{k_1=0}^{m_\mathrm{I}-1}\cdots\sum_{k_{M_1}=0}^{m_\mathrm{I}-1}\sum_{\varphi=0}^{N_1}\binom{N_1}{\varphi}\frac{\Xi(M_1)\alpha_\mathrm{s}^{N_1}B^{N_1-\varphi}A^{\varphi}(\varphi+\Lambda_\mathrm{I}-1)!}{N_1!\ \bar{\gamma}_\mathrm{s}^{N_1}\Delta_\mathrm{I}^{\Lambda_\mathrm{I}+\varphi}}\\ \displaystyle\left.\left.\cdot\sum_{a=1}^{\rho(A_\mathrm{J})}\sum_{b=1}^{\zeta_\mathrm{a}(A_\mathrm{J})}\sum_{\phi=0}^{N_2}\binom{N_2}{\phi}\frac{\chi_{a,b}(A_\mathrm{J})\alpha_\mathrm{r}^{N_2}D^{N_2-\phi}C^{\phi}(\phi+b-1)!\ \bar{\gamma}_{\langle a\rangle}^{\phi}}{(b-1)!\ N_2!\ \bar{\gamma}_\mathrm{r}^{N_2}}\right\}\right\},\quad\gamma_0<\min\left(\frac{1}{k_\mathrm{s}^2+k_\mathrm{r}^2},\frac{1}{k_\mathrm{rt}^2+k_\mathrm{rr}^2}\right)\\ 0,\quad\gamma_0\geqslant\min\left(\frac{1}{k_\mathrm{s}^2+k_\mathrm{r}^2},\frac{1}{k_\mathrm{rt}^2+k_\mathrm{rr}^2}\right)\end{cases}\tag{2-28}$$

证明：见本章附录 C。

假设$\bar{\gamma}_\mathrm{s}=\bar{\gamma}_\mathrm{r}=\bar{\gamma}$，当 $\gamma_0<\min(1/(k_\mathrm{s}^2+k_\mathrm{r}^2),1/(k_\mathrm{rt}^2+k_\mathrm{rr}^2))$时，从引理 2.3 可得双跳卫星中继系统的分集增益 G_d 和阵列增益 G_a。

引理 2.4　中断概率与阵列增益的表达式为

$$P_{\mathrm{out}}^{\infty}(\gamma_0)\approx(G_\mathrm{a}\bar{\gamma})^{G_\mathrm{d}}\tag{2-29}$$

其中，

$$G_\mathrm{d}=\min(N_1,N_2)\tag{2-30}$$

$$G_\mathrm{a}=\begin{cases}G_1, & N_1>N_2\\ G_1+G_2, & N_1=N_2\\ G_2, & N_1<N_2\end{cases}\tag{2-31}$$

$$G_1 = \left(\frac{\alpha_s \gamma_0}{1-(k_s^2+k_r^2)\gamma_0}\right)\left[\sum_{k_1=0}^{m_I-1}\cdots\sum_{k_{M_1}=0}^{m_I-1}\sum_{\varphi=0}^{N_1}\binom{N_1}{\varphi}\frac{\Xi(M_1)(1+k_j^2+k_I^2)^{\varphi}(\varphi+\Lambda_I-1)!}{N_1!\ \Delta_I^{\Lambda_I+\varphi}}\right]^{-N_1}$$

$$G_2 = \left(\frac{\alpha_r \gamma_0}{1-(k_{rt}^2+k_{rr}^2)\gamma_0}\right)\left[\sum_{a=1}^{\rho(A_J)}\sum_{b=1}^{\zeta_a(A_J)}\sum_{\phi=0}^{N_2}\binom{N_2}{\phi}\frac{\chi_{a,b}(A_J)\ (1+k_{\xi}^2+k_{\xi r}^2)^{\phi}(\phi+b-1)!\ \bar{\gamma}_{\langle a\rangle}^{\phi}}{(b-1)!\ N_2!}\right]^{-N_2}$$

证明：见本章附录 D。

2.6 仿真验证

本节通过系统的蒙特卡罗仿真来验证理论值的正确性，同时研究损伤噪声和同频干扰对系统性能的影响。在仿真中，假设系统的上行链路和下行链路信道服从阴影莱斯分布。系统的仿真参数和信道的仿真参数分别在表 2-1 和表 2-2 中给出。

表 2-1　系统的仿真参数设定

参　数	数　值
轨道	地球同步卫星
载波频率	2 GHz
波束个数	7
波束直径	500 km
3 dB 宽度	$\bar{\theta}_k=0.4°$
工作带宽	$B=15$ MHz
温度	207 K
玻耳兹曼常数	1.38×10^{-23} J/K

表 2-2　信道的仿真参数设定

衰落种类	m	b	Ω
FHS	1	0.063	0.000 7
AS	5	0.251	0.279
ILS	10	0.158	1.29

注：FHS（Frequency Heavy Shadowing）是频率重度衰落、AS（Average Shadowing）是平均衰落、ILS（Infrequent Light Shadowing）是轻度衰落。仿真软件为 MATLAB。

在所有的仿真图中，假设：

- $N_1 = N_2 = N$，$M_1 = M_2 = M$；
- $k_s = k_r = k_I = k_j = k$；
- $R_s = 10\ \text{bit} \cdot \text{s}^{-1} \cdot \text{Hz}^{-1}$；
- $\bar{\gamma}_s = \bar{\gamma}_r = \bar{\gamma}$；
- 上行链路和下行链路的功率相等。

图 2-2 给出了不同衰落情况下的中断概率。在此仿真中，仿真条件为：发射端和接收端天线数目为 3，干扰功率为 2 dBW，中断阈值为 0，干扰的数目为 3。从图 2-2 可以看出，仿真值很好地接近前面所得出的理论值，中断概率在高信噪比下的渐进解与理论值十分吻合，从另一个方面证明了所得出理论值的正确性。从图 2-2 还可以看出，系统的中断概率随着损伤噪声变化而变化，损伤噪声越大，系统的中断概率越大，反之则越小。从仿真图 2-2 中还可以看出，信道的衰落程度严重影响系统的中断概率，信道衰落程度越严重，系统的中断概率越大，反之则越小。图 2-2 中所有的曲线都是平行的，证明了此种情况下系统分集增益不变，从另一个角度反映出前面分析的分集增益的正确性，分集增益只与源端的发射天线数目和目的端的接收天线数目有关，与信道衰落和损伤噪声无关。因此信道衰落和损伤噪声只影响系统的阵列增益。

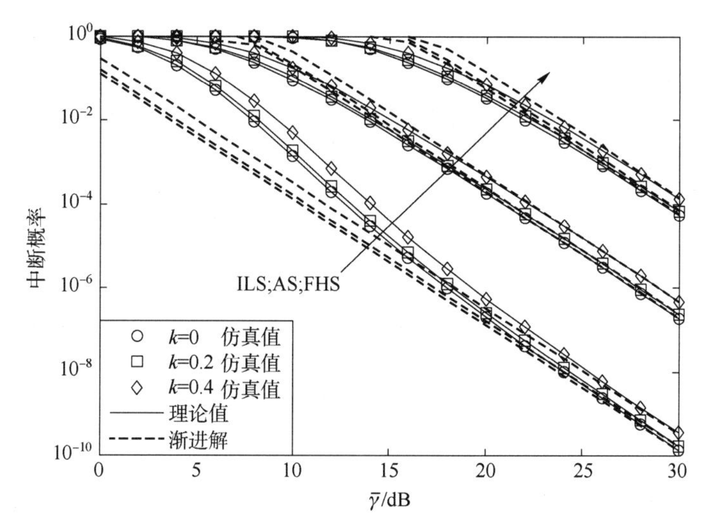

图 2-2　不同衰落情况下的中断概率

图 2-3 给出了不同天线数目下的中断概率，图 2-3 的仿真条件为：干扰数目为 3，干扰功率为 2 dBW，中断阈值为 0，信道衰落为 FHS。从图 2-3 可以看出，天线数目越多，系统的中断概率越小，中断概率随着损伤程度增加而变大。从图 2-3 还可以看出，不同天线数目时，系统的分集增益不同，天线数目对分集增益有决定性作用，系统天线数目越多，系统分集增益越大，反之则越小。

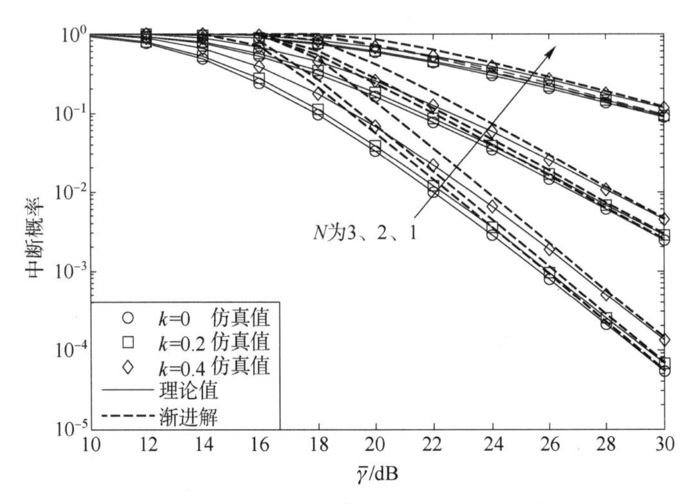

图 2-3　不同天线数目 N 下的中断概率

图 2-4 给出了不同干扰功率下的系统中断概率。图 2-4 的仿真条件为：干扰数目为 2，中断阈值为 0，信道衰落为 FHS，发射端和接收端的天线数目为 3。从图 2-4 可以看出，干扰功率对于系统中断概率有较大影响，干扰功率越大，系统中断概率越大，反之则越小。从图 2-4 还可以看出，损伤噪声越大，系统中断概率越大，反之则越小。进一步从图 2-4 可得，系统的干扰功率并不影响系统分集增益。

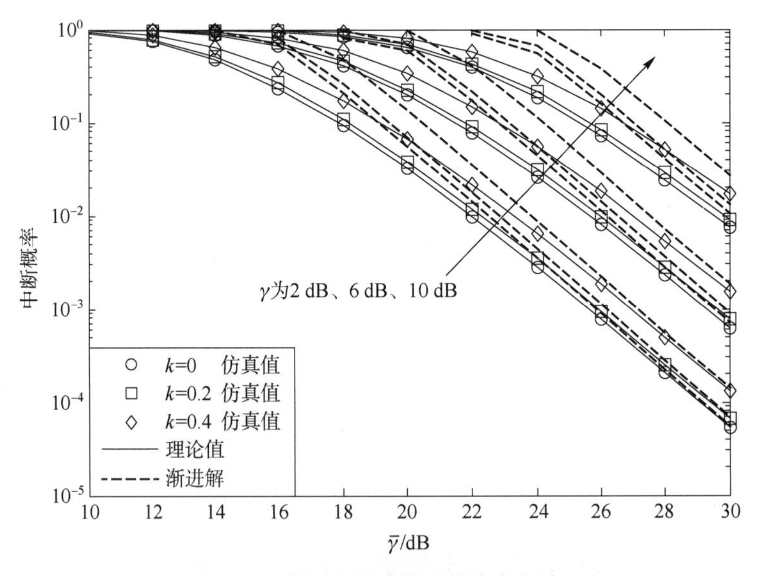

图 2-4　不同干扰功率下的中断概率

图 2-5 给出了不同干扰数目下系统中断概率，图 2-5 的仿真条件为：发射端和接收端天线数目为 3，干扰功率为 2 dBW，中断阈值为 0，信道衰落为 FHS。从图 2-5 可以看出，干扰数目严重影响系统中断概率。干扰数目增加会增大系统中断概率，反之则越小。同时，

也可以看出，干扰数目并不影响系统分集增益，只影响系统阵列增益。因此，损伤噪声越大，系统中断概率越大。

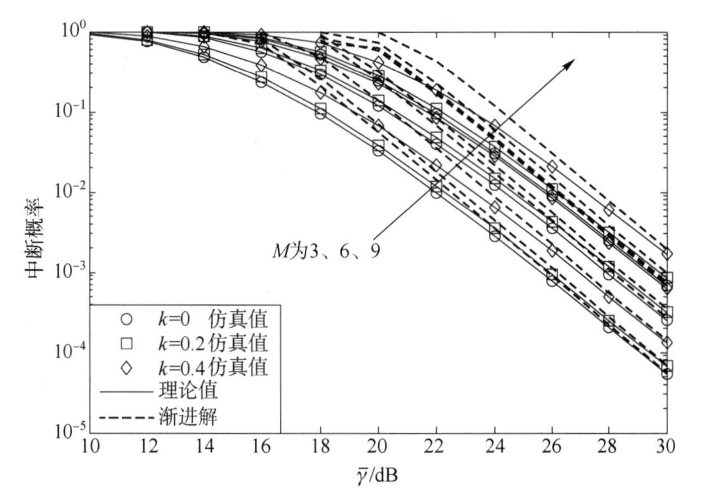

图 2-5　不同干扰数目 *M* 下的中断概率

图 2-6 表示不同中断阈值 γ_0 下的系统中断概率。图 2-6 的仿真条件为：干扰功率为2 dBW，信道衰落为 FHS，发射端和中继端功率为 30 dB，干扰数目为 3。从图 2-6 可以看出，天线数目对系统中断概率有很大影响，天线数目越大，系统中断概率越小，反之越大。同时，可得系统具有损伤噪声时，系统中断概率出现平台效应，当中断阈值高于某一个特定值时，系统中断概率恒为 1，而无损伤噪声时则无这个现象，系统中断概率随着中断阈值的增大而缓缓趋向于 1。从图 2-6 可以看出，此中断阈值只与损伤噪声程度有关，损伤程度越大，此平台效应界值越小，反之则越大。此中断阈值与发射天线数目无关，此现象已经在前面的理论描述中详细地证明了。

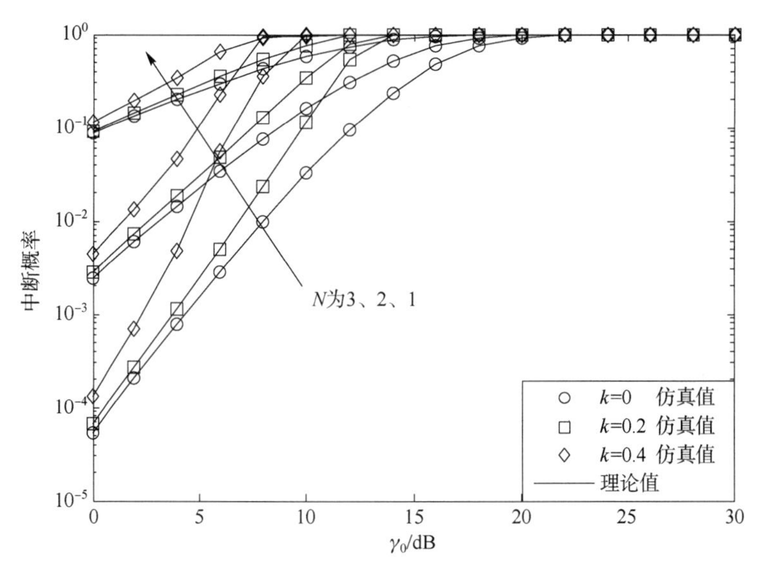

图 2-6　不同中断阈值下的中断概率

图 2-7 给出了不同中断阈值和不同干扰功率下的系统中断概率。图 2-7 的仿真条件为：发射端和接收端天线数目为 3，信道衰落为 FHS，发射端和中继端功率为 30 dB，干扰数目为 3。从图 2-7 可以看出，系统的中断概率随着干扰功率增大而变大，但干扰功率大小并不影响系统的中断阈值界值，此界值只与系统损伤噪声的程度有关，损伤程度越大，界值越小，反之则越大。

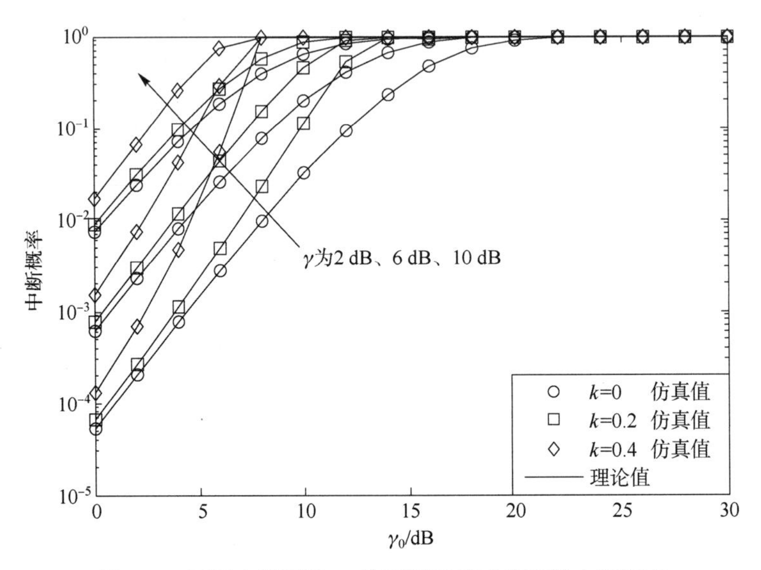

图 2-7 不同中断阈值 γ_0 和不同干扰功率下的中断概率

图 2-8 给出了不同中断阈值不同干扰数目下的系统中断概率。图 2-8 的仿真条件为：发射端和接收端天线数目为 3，信道衰落为 FHS，发射端和中继端功率为 30 dB，干扰功率为2 dBW。从图 2-8 可以看出，干扰数目增大会提高系统中断概率，反之则降低。图 2-8 进一步验证，中断阈值界值与系统干扰数目无关。干扰数目只影响中断概率值，并不影响界值的大小。

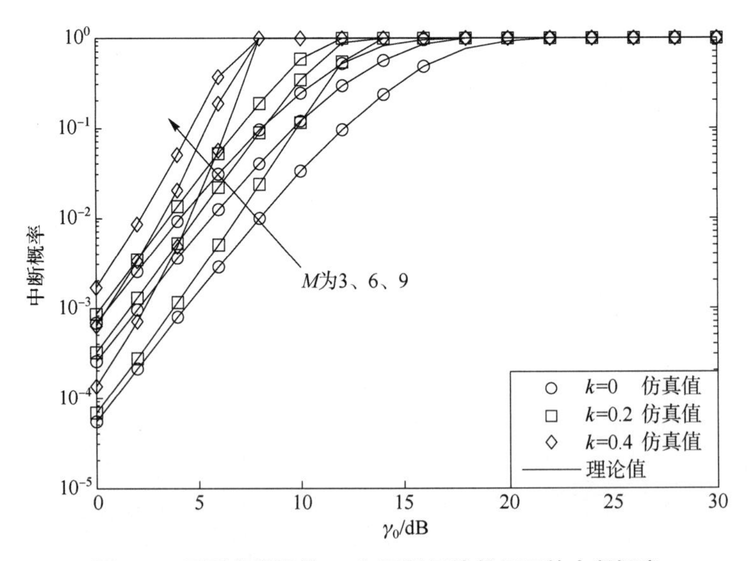

图 2-8 不同中断阈值 γ_0 和不同干扰数目下的中断概率

图 2-9 给出了不同衰落情况下系统吞吐量。仿真条件为：发射端和接收端天线数目为 3，干扰功率为 2 dBW，干扰数目为 3，中断阈值为 3 dB。从图 2-9 可以看出，系统的吞吐量随着信道衰落加剧而变小，当信道经历轻衰落时，系统吞吐量可以在较低的信噪比处达到 $R_s/2$；而当衰落严重时，需要较高信噪比，系统吞吐量才会达到 $R_s/2$。同时可以看出，系统吞吐量随着损伤噪声增加而变小，损伤噪声越大，系统的吞吐量越小。

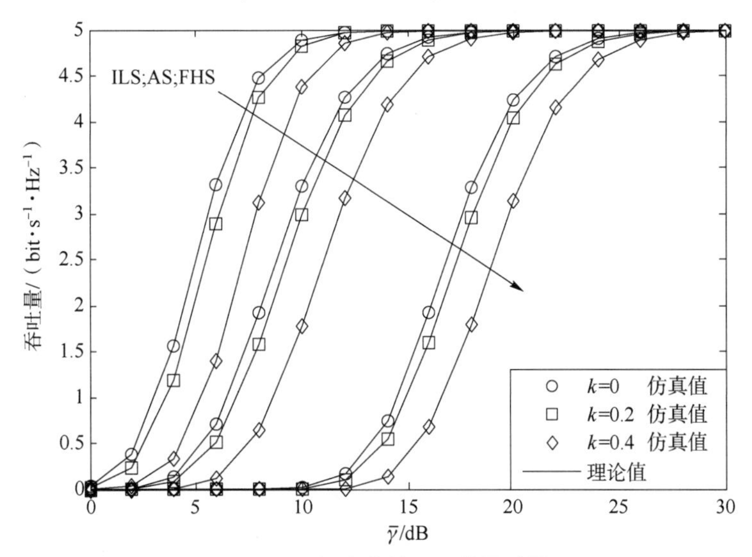

图 2-9　不同衰落情况下的吞吐量

图 2-10 给出了不同干扰数目下的系统吞吐量。图 2-10 的仿真条件为：发射端和接收端天线数目为 3，干扰功率为 2 dBW，信道衰落为 FHS，中断阈值为 3 dB。从图 2-10 可以看出，系统吞吐量随着信噪比增加而增大，当信噪比增加到一定程度时，系统的吞吐量为 $R_s/2$。从图 2-10 还可以看出，系统吞吐量随着干扰数目增加而变小，随着损伤噪声变大而变小。

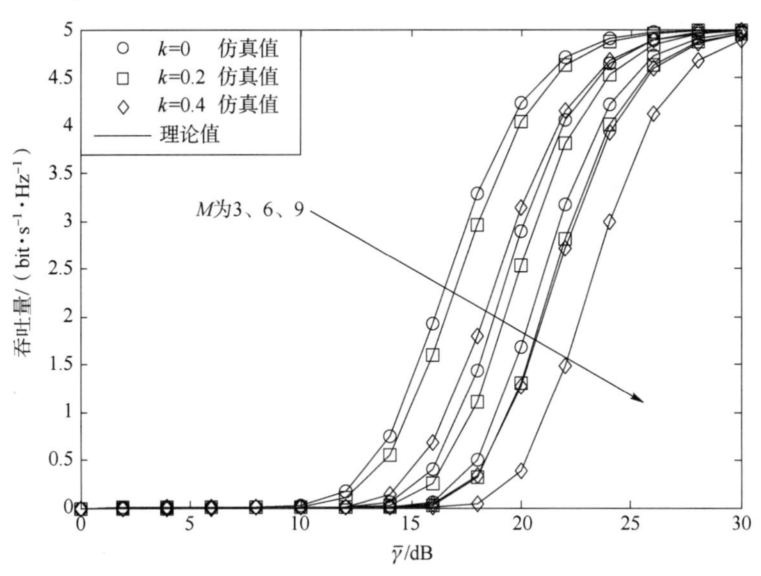

图 2-10　不同干扰数目下的吞吐量

图 2-11 给出了不同中断阈值和不同干扰功率下的系统吞吐量，仿真条件为：发射端和接收端天线数目为 3，干扰数目为 3，信道衰落为 FHS，发射端和中继端的功率别为 30 dB。从图 2-11 可以看出，当干扰功率逐渐增大时，系统吞吐量随之变小，反之则变大。从图 2-11 还可以看出，系统具有损伤噪声时，当中断阈值高过一定界值时，系统吞吐量为 0，这表明系统处于完全不通状态。此界值的大小只与系统损伤程度有关，损伤程度越大，此界值越小，反之则越大。没有损伤噪声的系统，吞吐量会随中断阈值的增大而逐渐下降为 0，不会断崖式地下跌。

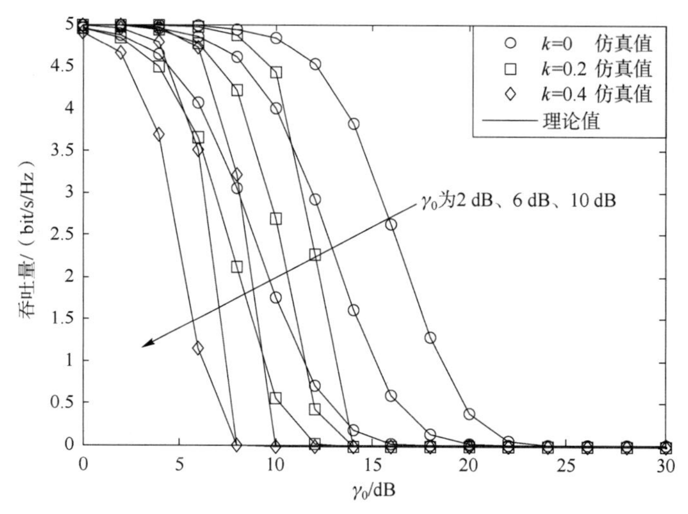

图 2-11　不同中断阈值 γ_0 和不同干扰功率下的吞吐量

图 2-12 给出了不同中断阈值和不同干扰数目下的系统吞吐量。仿真条件为：发射端和接收端天线数目为 3，干扰功率为 2 dBW，信道衰落为 FHS，发射端和中继端的功率为 30 dB。从图 2-12 可以看出，当干扰数目增加，系统吞吐量随之减小，反之变大。从图 2-12 还可以看出，中断阈值界值现象同样存在，图 2-12 从另一方面论证了中断阈值界值只与损伤程度有关，同样的损伤程度和同样的界值大小，界值的大小与干扰数目无关。

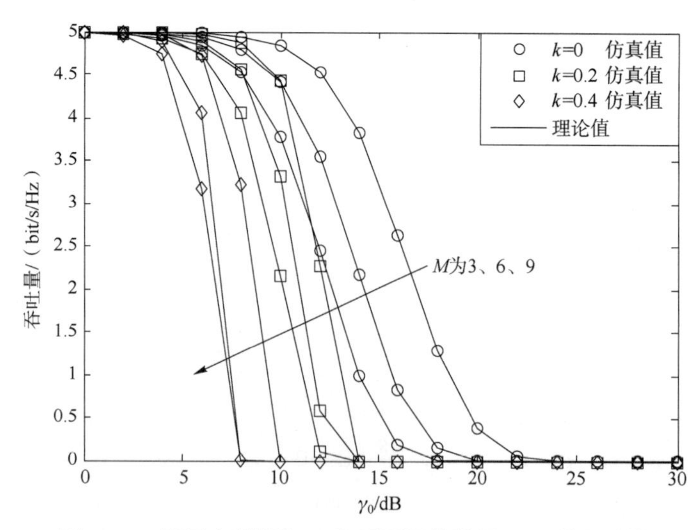

图 2-12　不同中断阈值 γ_0 和不同干扰数目 M 下的吞吐量

2.7　小　　结

本章主要研究了译码转发系统中以卫星为中继的卫星通信系统的性能，本章研究的系统模型中，上行链路和下行链路信道衰落服从阴影莱斯分布。特别地，将卫星天线增益、路径损耗和随机衰落等因子考虑到系统中。本章首先得到了具有实际意义的卫星中继通信系统模型；然后经过详尽论述，证明了最大比合并和最大比发射是最佳的波束成形方案；最后得到了系统中断概率和吞吐量的准确闭式表达式以及高信噪比下的渐进表达式。通过分析可知，系统分集增益只与发射端和接收端的天线数目有关而与其他因素无关，尽管损伤噪声和干扰不影响系统的分集增益，但其会严重减弱系统阵列增益进而削弱系统性能。当系统具有损伤噪声时，系统中断概率和吞吐量会出现平台效应，此界值只与系统损伤噪声大小有关。

2.8　附　　录

A. 引理 2.1 的证明

根据文献［136］，将式（2-16）代入式（2-21），以下只考虑 $\gamma_0<1/(k_s^2+k_r^2)$ 的情况，可得

$$
\begin{aligned}
F_{\gamma_1}(\gamma_0) &= \int_0^{\infty} F_{\gamma_1}(\gamma_0 \mid x) f_{\gamma_I}(x)\,\mathrm{d}x \\
&= \int_0^{\infty} \underbrace{\int_0^{Ax+B} f_{\gamma_s}(y)\,\mathrm{d}y}_{I_1} f_{\gamma_I}(x)\,\mathrm{d}x
\end{aligned}
\tag{2-32}
$$

式中：$A=(1+k_j^2+k_I^2)\gamma_0/[1-(k_s^2+k_r^2)\gamma_0]$，$B=\gamma_0/[1-(k_s^2+k_r^2)\gamma_0]$。

由式（2-17）可得

$$
I_1 = 1-\sum_{k_1=0}^{m_s-1}\cdots\sum_{k_{N_1}=0}^{m_s-1}\sum_{\rho=0}^{\Lambda_s-1}\frac{\Xi(N_1)(\Lambda_s-1)!\,(Ax+B)^{\rho}}{\rho!\,\Delta_s^{\Lambda_s-\rho}}\mathrm{e}^{-\Delta_s(Ax+B)}
\tag{2-33}
$$

将式（2-33）进行二项式展开，可得

$$
I_1 = 1-\sum_{k_1=0}^{m_s-1}\cdots\sum_{k_{N_1}=0}^{m_s-1}\sum_{\rho=0}^{\Lambda_s-1}\sum_{t=1}^{\rho}\binom{\rho}{t}\frac{A^{\rho}B^{\rho-t}\Xi(N_1)(\Lambda_s-1)!\,x^{t}\mathrm{e}^{-\Delta_s B}}{\rho!\,\Delta_s^{\Lambda_s-\rho}}\mathrm{e}^{-\Delta_s Ax}
\tag{2-34}
$$

根据式（2-16），可得 $f_{\gamma_I}(x)$ 的概率密度函数为

$$
f_{\gamma_I}(x) = \sum_{k_1=0}^{m_I-1}\cdots\sum_{k_{M_1}=0}^{m_I-1}\Xi(M_1)x^{\Lambda_I-1}\mathrm{e}^{-\Delta_I x}
\tag{2-35}
$$

将式（2-34）和式（2-35）代入式（2-32），可得

$$F_{\gamma_1}(\gamma_0)=\int_0^{\infty}\left[1-\sum_{k_1=0}^{m_s-1}\cdots\sum_{k_{N_1}=0}^{m_s-1}\sum_{\rho=0}^{\Lambda_s-1}\sum_{t=1}^{\rho}\binom{\rho}{t}\frac{A^{\rho}B^{\rho-t}\Xi(N_1)(\Lambda_s-1)!\;x^t e^{-\Delta_s B}}{\rho!\;\Delta_s^{\Lambda_s-\rho}}e^{-\Delta_s Ax}\right]$$

$$\cdot\sum_{k_1=0}^{m_I-1}\cdots\sum_{k_{M_1}=0}^{m_I-1}\frac{\Xi(M_1)x^{\Lambda_I-1}}{e^{\Delta_I x}}dx$$

$$=\sum_{k_1=0}^{m_I-1}\cdots\sum_{k_{M_1}=0}^{m_I-1}\Xi(M_1)\underbrace{\int_0^{\infty}x^{\Lambda_I-1}e^{-\Delta_I x}dx}_{I_2}-\sum_{k_1=0}^{m_s-1}\cdots\sum_{k_{N_1}=0}^{m_s-1}\sum_{\rho=0}^{\Lambda_s-1}\sum_{t=1}^{\rho}\sum_{k_1=0}^{m_I-1}\cdots\sum_{k_{M_1}=0}^{m_I-1}\Xi(M_1)\binom{\rho}{t}$$

$$\cdot\frac{A^{\rho}B^{\rho-t}\Xi(N_1)(\Lambda_s-1)!\;e^{-\Delta_s B}}{\rho!\;\Delta_s^{\Lambda_s-\rho}}\underbrace{\int_0^{\infty}x^{t+\Lambda_I-1}e^{-(\Delta_s A+\Delta_I)x}dx}_{I_3}\tag{2-36}$$

I_2 和 I_3 可以借助文献［136］得到，分别为

$$I_2=(\Lambda_I-1)!\;\Delta_I^{-\Lambda_I}\tag{2-37}$$

$$I_3=(t+\Lambda_I-1)!\;(\Delta_s A+\Delta_I)^{-t-\Lambda_I}\tag{2-38}$$

将式（2-37）和式（2-38）代入式（2-36），可得 $F_{\gamma_1}(\gamma_0)$的最终表达式为

$$F_{\gamma_1}(\gamma_0)=\sum_{k_1=0}^{m_I-1}\cdots\sum_{k_{M_1}=0}^{m_I-1}\frac{\Xi(M_1)(\Lambda_I-1)!}{\Delta_I^{\Lambda_I}}-\sum_{k_1=0}^{m_s-1}\cdots\sum_{k_{N_1}=0}^{m_s-1}\sum_{\rho=0}^{\Lambda_s-1}\sum_{t=1}^{\rho}\sum_{k_1=0}^{m_I-1}\cdots\sum_{k_{M_1}=0}^{m_I-1}\Xi(M_1)$$

$$\cdot\binom{\rho}{t}\frac{A^{\rho}B^{\rho-t}\Xi(N_1)(\Lambda_s-1)!\;e^{-\Delta_s B}(t+\Lambda_I-1)!}{\rho!\;\Delta_s^{\Lambda_s-\rho}(\Delta_s A+\Delta_I)^{t+\Lambda_I}}\tag{2-39}$$

通过相似的方法可得到 $F_{\gamma_2}(\gamma_0)$ 的表达式，与式（2-32）~式（2-39）不同，此时干扰变为 γ_J，因此考虑 $\gamma_0\leqslant1/(k_{rt}^2+k_{rr}^2)$的情况，$F_{\gamma_2}(\gamma_0)$ 可表示为

$$F_{\gamma_2}(\gamma_0)=\sum_{a=1}^{\rho(A_J)}\sum_{b=1}^{\zeta_a(A_J)}\chi_{a,b}(A_J)-\sum_{k_1=0}^{m_r-1}\cdots\sum_{k_{N_2}=0}^{m_r-1}\sum_{\zeta=0}^{\Lambda_r-1}\sum_{s=0}^{\zeta}\sum_{a=1}^{\rho(A_J)}\sum_{b=1}^{\zeta_a(A_J)}$$

$$\cdot\binom{\zeta}{s}\frac{D^{\zeta-s}C^s e^{-\Delta_r D}\Xi(N_2)(\Lambda_r-1)!\;\chi_{a,b}(A_J)(s+b-1)!}{\zeta!\;\Delta_r^{\Lambda_r-\zeta}(b-1)!\;\bar{\gamma}_{\langle a\rangle}^{b}(\Delta_r C+1/\bar{\gamma}_{\langle a\rangle})^{s+b}}\tag{2-40}$$

式中：$C=(1+k_{\xi}^2+k_{\xi r}^2)\gamma_0/[1-(k_{rt}^2+k_{rr}^2)\gamma_0]$，$D=\gamma_0/[1-(k_{rt}^2+k_{rr}^2)\gamma_0]$。

将式（2-40）和式（2-39）代入式（2-20），引理 2.1 得证。

B. 引理 2.2 的证明

系统吞吐量是表述系统性能重要的参量，通过定义式可以看出，将式（2-23）代入式（2-24），可得系统吞吐量的具体表达式，由于通信从源端 S 到目的接收端 D 需要两个时隙，因此在既定的传输速率 R_s 分母上要除以 2 表明需要两个时隙。同时，由于损伤噪声的影响，系统的吞吐量是分段的函数，引理 2.2 得证。

C. 引理 2.3 的证明

通过式（2-20），可知首先要得到 $F_{\gamma_1}^{\infty}(\gamma_0)$ 和 $F_{\gamma_2}^{\infty}(\gamma_0)$ 高信噪比下的表达式。

将式（2-26）代入式（2-21），可得

$$F_{\gamma_1}^{\infty}(\gamma_0)=\int_0^{\infty}\underbrace{\int_0^{Ax+B}\frac{\alpha_s^{N_1}}{\bar{\gamma}_s^{N_1}}y^{N_1-1}\mathrm{d}y}_{I_5}f_{\gamma_1}(x)\,\mathrm{d}x \tag{2-41}$$

对式（2-41）进行积分，可得

$$I_5=\frac{\alpha_s^{N_1}}{\bar{\gamma}_s^{N_1}}(Ax+B)^{N_1} \tag{2-42}$$

将式（2-42）进行二项式展开，可得

$$I_5=\frac{\alpha_s^{N_1}}{\bar{\gamma}_s^{N_1}}\sum_{\varphi=0}^{N_1}\binom{N_1}{\varphi}B^{N_1-\varphi}A^{\varphi}x^{\varphi} \tag{2-43}$$

将式（2-12）和式（2-16）代入式（2-41），可得

$$F_{\gamma_1}^{\infty}(\gamma_0)=\sum_{\varphi=0}^{N_1}\sum_{k_1=0}^{m_1-1}\cdots\sum_{k_{M_1}=0}^{m_1-1}\binom{N_1}{\varphi}\frac{\alpha_s^{N_1}B^{N_1-\varphi}A^{\varphi}\Xi(M_1)}{\bar{\gamma}_s^{N_1}}\underbrace{\int_0^{\infty}x^{\varphi+\Lambda_1-1}\mathrm{e}^{-\Delta_1 x}\mathrm{d}x}_{I_6} \tag{2-44}$$

根据文献［136］，可得 $I_6=(\varphi+\Lambda_1-1)!\ \Delta_1^{\Lambda_1+\varphi}$，将 I_6 代入式（2-44），可得 $F_{\gamma_1}^{\infty}(\gamma_0)$ 在高信噪比下的表达式为

$$F_{\gamma_1}^{\infty}(\gamma_0)=\sum_{k_1=0}^{m_1-1}\cdots\sum_{k_{M_1}=0}^{m_1-1}\sum_{\varphi=0}^{N_1}\binom{N_1}{\varphi}\frac{\Xi(M_1)\alpha_s^{N_1}B^{N_1-\varphi}A^{\varphi}(\varphi+\Lambda_1-1)!}{N_1!\ \bar{\gamma}_s^{N_1}\Delta_1^{\Lambda_1+\varphi}} \tag{2-45}$$

同理，可得 $F_{\gamma_2}^{\infty}(\gamma_0)$ 在高信噪比下的表达式为

$$F_{\gamma_2}^{\infty}(\gamma_0)=\sum_{a=1}^{\rho(A_J)}\sum_{b=1}^{\zeta_a(A_J)}\sum_{\phi=0}^{N_2}\binom{N_2}{\phi}\frac{\chi_{a,b}(A_J)\alpha_r^{N_2}D^{N_2-\phi}C^{\phi}(\phi+b-1)!\ \bar{\gamma}_{\langle a\rangle}^{\phi}}{(b-1)!\ N_2!\ \bar{\gamma}_r^{N_2}} \tag{2-46}$$

将式（2-45）和式（2-46）代入式（2-20），系统高信噪比下的中断概率渐进解可得。同理，将中断概率渐进解代入式（2-24），可得系统在高信噪比时吞吐量的渐进解，由此引理 2. 3 得证。

D. 引理 2. 4 的证明

首先忽略式（2-27）中的高阶项，则式（2-27）变为

$$P_{\mathrm{out}}^{\infty}(\gamma_0)=\begin{cases}\displaystyle\sum_{k_1=0}^{m_1-1}\cdots\sum_{k_{M_1}=0}^{m_1-1}\sum_{\varphi=0}^{N_1}\binom{N_1}{\varphi}\frac{\Xi(M_1)\alpha_s^{N_1}B^{N_1-\varphi}A^{\varphi}(\varphi+\Lambda_1-1)!}{N_1!\ \bar{\gamma}_s^{N_1}\Delta_1^{\Lambda_1+\varphi}} \\ \displaystyle+\sum_{a=1}^{\rho(A_J)}\sum_{b=1}^{\zeta_a(A_J)}\sum_{\phi=0}^{N_2}\binom{N_2}{\phi}\frac{\chi_{a,b}(A_J)\alpha_r^{N_2}D^{N_2-\phi}C^{\phi}(\phi+b-1)!\ \bar{\gamma}_{\langle a\rangle}^{\phi}}{(b-1)!\ N_2!\ \bar{\gamma}_r^{N_2}}, & \gamma_0<\min\left(\dfrac{1}{k_s^2+k_r^2},\dfrac{1}{k_{rt}^2+k_{rr}^2}\right) \\ 1, \quad \gamma_0\geqslant\min\left(\dfrac{1}{k_s^2+k_r^2},\dfrac{1}{k_{rt}^2+k_{rr}^2}\right)\end{cases} \tag{2-47}$$

根据以前的假设，提取 $\bar{\gamma}$ 分量，同时将 A、B、C、D 代入式（2-47），并进行化简，忽略高阶项后，式（2-47）为加法。因此，其衰落的快慢主要依赖幂指数的增加，即 N_1、N_2 的大小，进一步化简可得式（2-29）的表达式，引理 2. 4 得证。

第 3 章
星地融合网络中的中继选择策略与分析

3.1 引　　言

由于卫星的广域性，一个卫星波束可以覆盖多个地面中继站，协调好各个地面中继站协作传输是重要问题。在星地融合地面中继网络中，多个地面中继相对于单个地面中继，可以带来更好的系统性能。如果卫星波束内所有的地面中继都参与协作传输，那么系统实现复杂度很高。在此背景下，一般采用中继选择策略来平衡系统的复杂性和系统性能。目前，有两种主要的中继选择策略，即机会中继选择策略和部分中继选择策略。机会中继选择策略可以提供最好的性能，但是其需要所有链路的信道状态信息；部分中继选择策略相比于机会中继选择策略，在减低复杂性的基础上只需要一跳链路的信道状态信息且提供可以接受的系统性能。

星地融合网络中地面中继选择问题已有文献研究。文献［41］分析了星地融合网络中多中继情况下的全中继参与情景，并得到了遍历容量的准确表达式。文献［42］在多中继多用户的星地融合网络中，提出了 max-max 的用户中继选择策略，并且分析了此种情况下的中断概率性能。文献［43］研究了星地融合网络中多中继下的部分中继选择策略，并在此策略的基础上分析了系统性能。文献［77］在认知星地融合网络中提出了一种次级用户网络的部分选择策略，并在此策略基础上分析了系统的中断性能。

在星地融合网络中，电子器件由于各种原因而导致非理想，如相位噪声、I/Q 支路不均衡和非线性放大等，此类问题在通信过程中不能被完全消除，从而产生损伤噪声。文献［97］提出了无线通信中损伤噪声的通用模型，并在此模型的基础上分析了放大转发和译码转发两种协议下的系统性能。文献［98-100］经证明增加地面协作中继数目可以显著提高系统性能。文献［117］分析了损伤噪声对卫星通信系统的影响，并且得到了系统中断概率的准确闭式表达式。然而已有文献中并没有同时考虑多中继、同频干扰和损伤噪声的影响。

基于以上论述，本章在多中继星地融合网络中同时考虑损伤噪声和同频干扰的影响，提出了一种基于阈值的中继选择策略。

3.2　系统模型

如图3-1所示，本章考虑多中继下的星地融合网络，其中包含了一个单天线的卫星源端S，一个单天线的目的端D以及配置N_2根天线的N_1个地面中继。直传链路存在于系统模型中，同时有M_1和M_2个单天线的干扰端分别干扰中继端R和目的端D。假设系统中所有的节点均遭受损伤噪声。

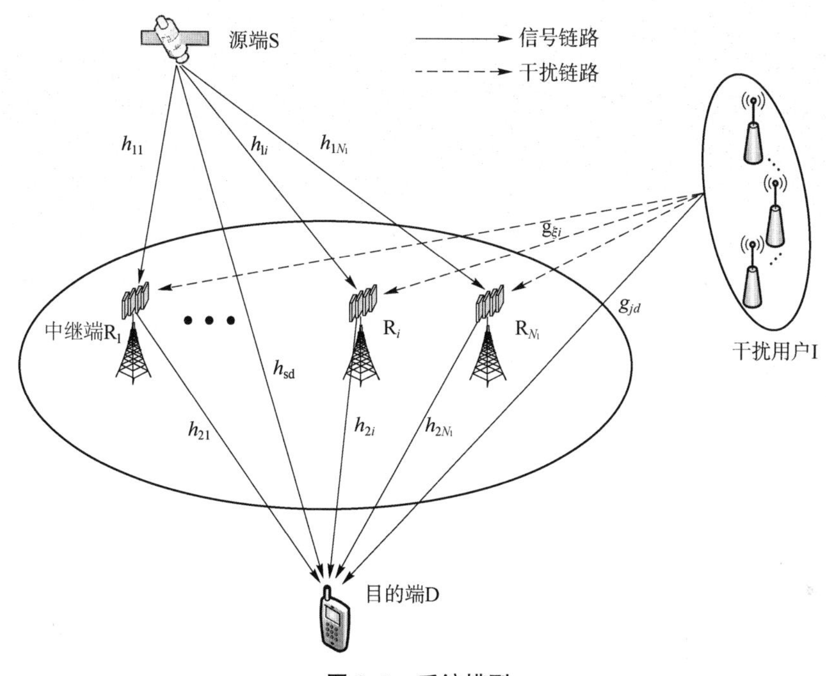

图3-1　系统模型

3.2.1　直传链路传输

假设从卫星发射的信号为$x_s(t)$且模值为1，即$E[|x_s(t)|^2]=1$。将损伤噪声考虑其中，目的端D直接从源端S接收到的信号为

$$y_{sd}(t)=\sqrt{P_s}h_{sd}(x_s(t)+\eta_{sdt})+\sum_{j=1}^{M_2}\sqrt{P_{jd}}g_{jd}(x_{jd}(t)+\eta_{jdt})+\eta_{sdr}+n_d \tag{3-1}$$

式中：P_s为源端S的发射功率；h_{sd}为源端S和目的端D之间服从阴影莱斯分布的信道衰落分量；η_{sdt}为源端S发射信号时的损伤噪声，其服从零均值，且方差为k_{sdt}^2；P_{jd}为第j个干扰到目的端D的功率；g_{jd}为第j个干扰到目的端D服从Rayleigh分布的信道衰落分量；$x_{jd}(t)$为从j个干扰发出的信号，且$E[|x_{jd}(t)|^2]=1$；η_{jdt}为从第j个干扰处的损伤噪声且均值为0，方差为k_{jdt}^2；η_{sdr}为目的端D处的损伤接收噪声，且满足$\eta_{sdr}\sim\mathcal{CN}(0,k_{sdr}^2|h_{sd}|^2P_s+$

$k_{\mathrm{jdr}}^2|g_{\mathrm{jd}}|^2P_{\mathrm{jd}}$)；$n_{\mathrm{d}}(t)$ 为目的端 D 处的加性高斯高噪声，且满足 $n_{\mathrm{d}}(t)\sim\mathcal{CN}(0,\delta_{\mathrm{d}}^2)$。

从式（3-1）可得系统直传链路的信干损噪比为

$$\gamma_{\mathrm{sd}}=\frac{\lambda_{\mathrm{sd}}}{\lambda_{\mathrm{sd}}k_{\mathrm{sd}}^2+\lambda_{\mathrm{Jd}}(1+k_{\mathrm{Jd}}^2)+1} \tag{3-2}$$

式中：$\lambda_{\mathrm{sd}}=|h_{\mathrm{sd}}|^2P_{\mathrm{s}}/\delta_{\mathrm{d}}^2$，$k_{\mathrm{sd}}^2=k_{\mathrm{sdt}}^2+k_{\mathrm{sdr}}^2$；$\lambda_{\mathrm{Jd}}=\sum_{j=1}^{M_2}|g_{\mathrm{jd}}|^2P_{\mathrm{jd}}/\delta_{\mathrm{d}}^2$ 和 $k_{\mathrm{Jd}}^2=k_{\mathrm{jdt}}^2+k_{\mathrm{jdr}}^2$；其中 k_{sdt}、k_{sdr}、k_{jdt}、k_{jdr}分别为直传链路中每个节点的损伤水平。

3.2.2 中继链路传输

本章采用时间复用的信号传输方式。借助于第 i 个中继端 R_i，从源端 S 到目的端 D 传输总共需要两个时隙。在第一个时隙，源端 S 将信号传输给第 i 个中继端 R_i，由此第 i 个中继端 R_i 接收到的信号可表示为

$$y_{1i}(t)=\sqrt{P_{\mathrm{s}}}\boldsymbol{h}_{1i}^{\mathrm{H}}\boldsymbol{w}_1(x_{\mathrm{s}}(t)+\eta_{\mathrm{srt}})+\sum_{\xi=1}^{M_1}\sqrt{P_{\xi i}}\boldsymbol{g}_{\xi i}^{\mathrm{H}}\boldsymbol{w}_1(x_{\xi i}(t)+\eta_{\xi \mathrm{it}})+\eta_{\mathrm{ir}}+\boldsymbol{w}_1\boldsymbol{n}_{\mathrm{ir}}(t) \tag{3-3}$$

式中：$\boldsymbol{h}_{1i}^{\mathrm{H}}$为源端 S 到第 i 个中继端 R_i 的信道衰落矢量且满足阴影莱斯分布；$\boldsymbol{w}_1$ 为第 i 个中继端 R_i 处的波束成形矢量，且满足$\|\boldsymbol{w}_1\|^2=1$，$P_{\xi i}$为第 ξ 个干扰在第 i 个中继端 R_i 处的干扰功率；$\boldsymbol{g}_{\xi i}^{\mathrm{H}}$为第 ξ 个干扰和第 i 个中继端 R_i 之间的信道衰落矢量；$x_{\xi i}(t)$ 为在第 i 个中继端 R_i 处来自第 ξ 个干扰的干扰信号，且满足 $E[|x_{\xi i}(t)|^2]=1$；$\boldsymbol{n}_{\mathrm{ir}}(t)$ 为在第 i 个中继端 R_i 处的 $N_2\times1$ 阶加性高斯白噪声矢量，且满足 $\boldsymbol{n}_{\mathrm{ir}}(t)\sim\mathcal{CN}(0,\delta_{\mathrm{r}}^2\boldsymbol{I}_{N_2\times1})$，$\boldsymbol{I}_{N_2\times1}$为 $N_2\times1$ 的单位列矩阵；η_{srt}、$\eta_{\xi \mathrm{it}}$和 η_{ir}分别为加性损伤噪声分量，且满足 $\eta_{\mathrm{srt}}\sim\mathcal{CN}(0,Y_{\mathrm{srt}})$、$\eta_{\xi \mathrm{it}}\sim\mathcal{CN}(0,Y_{\xi \mathrm{it}})$和 $\eta_{\mathrm{ir}}\sim\mathcal{CN}(0,Y_{\mathrm{ir}})$。

根据文献［109］，可得

$$\begin{cases}Y_{\mathrm{srt}}=k_{\mathrm{srt}}^2\\ Y_{\xi \mathrm{it}}=k_{\xi \mathrm{it}}^2\\ Y_{\mathrm{ir}}=k_{\mathrm{srr}}^2P_{\mathrm{s}}|\boldsymbol{h}_{1\mathrm{i}}^{\mathrm{H}}\boldsymbol{w}_1|^2+\sum_{\xi=1}^{M_1}k_{\xi \mathrm{ir}}^2P_{\xi i}|\boldsymbol{g}_{\xi i}^{\mathrm{H}}\boldsymbol{w}_1|^2\end{cases} \tag{3-4}$$

式中，k_{srt}、k_{srr}、$k_{\xi \mathrm{it}}$和 $k_{\xi \mathrm{ir}}$分别为中继传输第一跳链路每一个节点的损伤噪声水平。

从式（3-3）和式（3-4）可得，中继链路第 i 个中继端 R_i 处的信干损噪比为

$$\gamma_{1i}=\frac{|\boldsymbol{h}_{1i}^{\mathrm{H}}\boldsymbol{w}_1|^2P_{\mathrm{s}}}{|\boldsymbol{h}_{1i}^{\mathrm{H}}\boldsymbol{w}_1|^2P_{\mathrm{s}}k_{1i}^2+\sum_{\xi=1}^{M_1}|\boldsymbol{g}_{\xi i}^{\mathrm{H}}\boldsymbol{w}_1|^2P_{\xi \mathrm{r}}(1+k_{\mathrm{Jr}}^2)+|\boldsymbol{w}_1\boldsymbol{n}_{\mathrm{ir}}|^2} \tag{3-5}$$

式中，$k_{1i}^2=k_{\mathrm{srt}}^2+k_{\mathrm{srr}}^2$，$k_{\mathrm{Jr}}^2=k_{\xi \mathrm{it}}^2+k_{\xi \mathrm{ir}}^2$。

根据文献［134］，波束成形最大比合并技术被用到第 i 个中继端 R_i 的接收过程，即 $\boldsymbol{w}_1=\boldsymbol{h}_{1i}^{\mathrm{H}}/\|\boldsymbol{h}_{1i}^{\mathrm{H}}\|$，因此在第 i 个中继端 R_i 处的最大信干损噪比为

$$\gamma_{1i}^{\max}=\frac{\lambda_{1i}}{\lambda_{1i}k_{1i}^2+\lambda_{\mathrm{Jr}}(1+k_{\mathrm{Jr}}^2)+1} \tag{3-6}$$

式中，$\lambda_{1i}=P_{\mathrm{s}}\|\boldsymbol{h}_{1i}\|_{\mathrm{F}}^2/\delta_{\mathrm{r}}^2$，$\lambda_{\mathrm{Jr}}=\sum_{\xi=1}^{M_1}P_{\xi r}|\boldsymbol{w}_1\boldsymbol{g}_{\xi i}^{\mathrm{H}}|^2/\delta_{\mathrm{r}}^2$。

在中继链路传输的第二个时隙，被选中的第 i 个中继端 R_i 将接收到的信号用译码转发协议传输到目的端 D。在第 i 个中继端 R_i 的发射端应用最大比发射波束成形技术，由此在目的端 D 的接收信号可表示为

$$y_{\mathrm{d}}(t)=\sqrt{P_{\mathrm{r}}}\boldsymbol{h}_{2i}^{\mathrm{H}}(\boldsymbol{w}_2x_{\mathrm{s}}(t)+\boldsymbol{\eta}_{\mathrm{rt}})+\sum_{j=1}^{M_2}\sqrt{P_{\mathrm{jd}}}g_{\mathrm{jd}}(x_{\mathrm{jd}}+\boldsymbol{\eta}_{\mathrm{jdt}})+\boldsymbol{\eta}_{\mathrm{d}}+n_{\mathrm{d}}(t) \tag{3-7}$$

式中：P_{r} 为中继端 R_i 处的功率；$\boldsymbol{h}_{2i}$为第 i 个中继端 R_i 到目的端 D 的信道衰落矢量；$\boldsymbol{w}_2$ 为第 i 个中继端 R_i 处的发射波束成形矢量，且有 $\boldsymbol{w}_2=\boldsymbol{h}_{2i}^{\mathrm{H}}/\|\boldsymbol{h}_{2i}^{\mathrm{H}}\|$；$\boldsymbol{\eta}_{\mathrm{rt}}$、$\boldsymbol{\eta}_{\mathrm{d}}$ 为损伤噪声，并服从分布 $\boldsymbol{\eta}_{\mathrm{rt}}\sim\mathcal{CN}(0,Y_{\mathrm{rt}})$、$\boldsymbol{\eta}_{\mathrm{d}}\sim\mathcal{CN}(0,Y_{\mathrm{d}})$。

根据文献［109］，Y_{rt}和 Y_{d} 可分别表示为

$$\begin{cases}Y_{\mathrm{rt}}=k_{\mathrm{rt}}^2\mathrm{diag}(|w_{21}|^2,\cdots,|w_{2N_2}|^2)\\ Y_{\mathrm{d}}=k_{\mathrm{rr}}^2P_{\mathrm{r}}|\boldsymbol{h}_{2i}^{\mathrm{H}}\boldsymbol{w}_2|^2+\sum_{j=1}^{M_2}k_{\mathrm{jdr}}^2P_{\mathrm{jd}}|g_{\mathrm{jd}}|^2\end{cases} \tag{3-8}$$

式中，k_{rt}和 k_{rr}分别表示在第 i 个中继端 R_i 和目的端 D 处的损伤噪声程度。

由此可得，第 i 个中继端 R_i 第二跳链路在目的端 D 处的最大信干损噪比为

$$\gamma_2^{\max}=\frac{\lambda_2}{\lambda_2k_2^2+\lambda_{\mathrm{Jd}}(1+k_{\mathrm{Jd}}^2)+1} \tag{3-9}$$

式中，$\lambda_2=P_{\mathrm{r}}\|\boldsymbol{h}_{2i}\|_{\mathrm{F}}^2/\delta_{\mathrm{d}}^2$，$k_2^2=k_{\mathrm{rt}}^2+k_{\mathrm{rr}}^2$。

在接下来的分析中，用 γ_{1i} 代替 $\gamma_{1i}^{\max}$，γ_2 代替 $\gamma_2^{\max}$。利用式（3-6）、式（3-9）和式（3-36）（见后面的章节），并结合译码转发协议的特点，中继链路的最终信干损噪比为

$$\gamma_{\mathrm{srd}}=\min(\gamma_1,\gamma_2) \tag{3-10}$$

3.3　基于阈值的中继选择策略

在多中继星地融合网络中，同时考虑损伤噪声和同频干扰的影响，本章提出了一种基于阈值的中继选择策略。具体可表述如下。

（1）目的端 D 首先检验直传链路的信干损噪比 γ_{sd}，如果直传链路的信干损噪比大于 γ_0，那么直传链路将作为传输链路来传输信号。

（2）如果直传链路信干损噪比小于 γ_0，选取一个地面中继来辅助卫星信号传输。

（3）在中继选择时，从第一条链路开始，将每一个中继链路的信干损噪比和预设的选择阈值 γ_{T} 进行比较，如果第 i 个中继链路的信干损噪比 $\gamma_{1i}(i\in\{i,\cdots,N_1\})$大于预设的选择

阈值 γ_T，那么第 i 条中继链路将会被选择用来传输卫星的信号，即第 i 个中继端 R_i 是合适的中继，不再做另外的测试工作。

（4）如果第 i 个中继链路的信干损噪比 $\gamma_{1i}(i\in\{i,\cdots,N_1\})$ 小于预设的选择阈值 γ_T，继续测试下一条链路。如果所有中继链路的信干损噪比都小于预设的选择阈值 γ_T，那么拥有最大信干损噪比的中继链路将被用来传输卫星信号。

中继选择策略流程如图 3-2 所示。

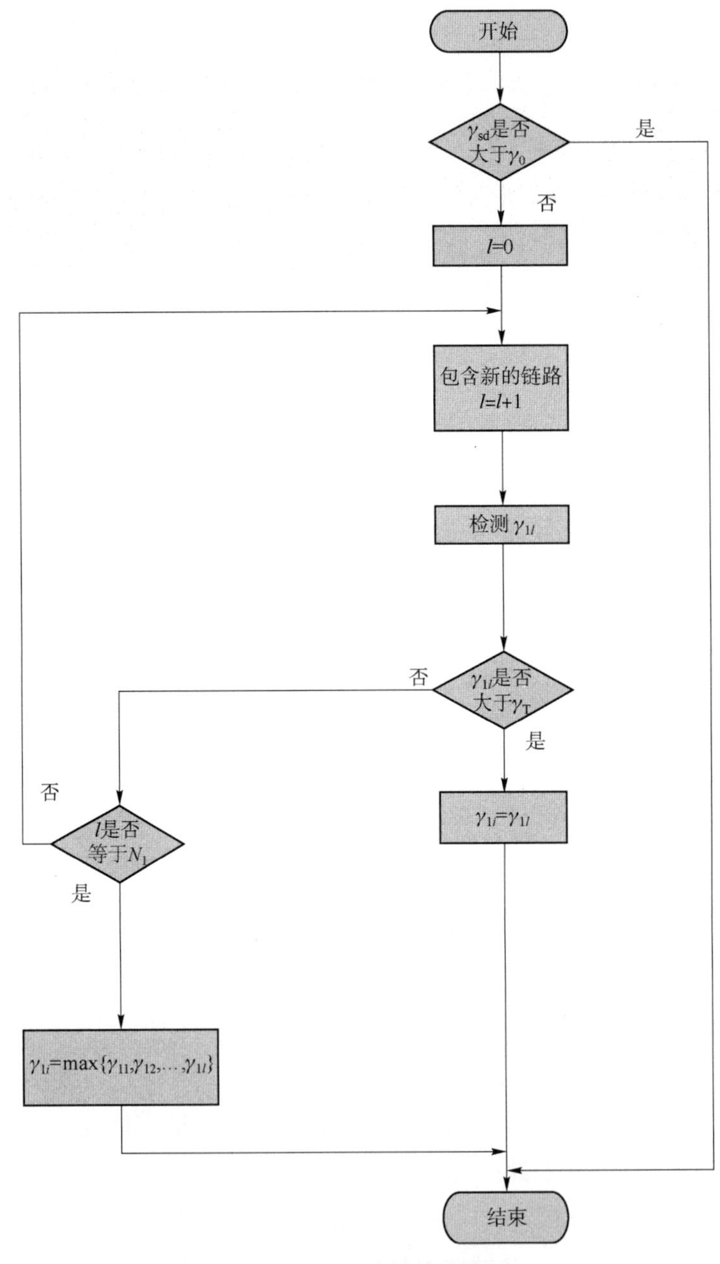

图 3-2　中继选择策略流程

根据所提出的基于阈值的中继选择策略，系统输出的信干损噪比可表示为

$$\gamma_e=\begin{cases}\gamma_{sd}, & \gamma_{sd}\geqslant\gamma_0\\ \gamma_{srd}, & \gamma_{sd}\leqslant\gamma_0\end{cases} \tag{3-11}$$

3.4　性能分析

通过下面的分析，可以得到基于提出的中继选择策略下的多中继星地融合网络的中断概率和吞吐量的准确闭式表达式。

3.4.1　预备知识

根据文献［75］，当 $\boldsymbol{h}_k$ 服从阴影莱斯分布时，其第 i 个元素分量可表示为

$$[\boldsymbol{h}_k]_i=Y\mathrm{e}^{\mathrm{j}\vartheta}+Z\mathrm{e}^{\mathrm{j}\xi} \tag{3-12}$$

式中：Y 和 Z 分别为散射分量和视距分量的振幅，分别服从 Rayleigh 和 Nakagami-m 分布；ϑ 为随机相位，服从［0，2π）的均匀分布；ξ 为视距链路的确定相位。

假设卫星链路服从阴影莱斯分布，则 λ_{sd} 的概率密度函数可表示为

$$f_{\lambda_{sd}}(\lambda_{sd})=\alpha_0\mathrm{e}^{-\beta_0\lambda_{sd}}{}_1F_1(m_0;1;\delta_0\lambda_{sd}) \tag{3-13}$$

式中：$\alpha_0\triangleq[2b_0m_0/(2b_0m_0+\Omega_0)]^{m_0}/2b_0$；$\beta_0\triangleq1/(2b_0)$，$\delta_0\triangleq\Omega_0/[2b_0(2b_0m_0+\Omega_0)]$，$\Omega_0$、$2b_0$、$m_0\geqslant0$ 分别为视距分量的功率、多径分量的功率和 0~∞ 的衰落参数；${}_1F_1(\cdot,\cdot,\cdot)$表示合流超几何函数。

当 m_0 为整数时，${}_1F_1(m_0;1;\delta_0\lambda_{sd})$可表示为

$${}_1F_1(m_0;1;\delta_0\lambda_{sd})=\mathrm{e}^{-\delta_0\lambda_{sd}}\sum_{k_0=0}^{m_0-1}\frac{(-\delta_0\lambda_{sd})^{k_0}(1-m_0)_{k_0}}{(k_0!)^2} \tag{3-14}$$

式中，$(\cdot)_{k_0}$为 Pochhammer 符号。

将式（3-14）代入式（3-13），可得

$$f_{\lambda_{sd}}(\lambda_{sd})=\alpha_0\sum_{k_0=0}^{m_0-1}\frac{(1-m_0)_{k_0}(-\delta_0)^{k_0}}{(k_0!)^2(\bar{\lambda}_{sd})^{k_0+1}}\lambda_{sd}^{k_0}\mathrm{e}^{-\Delta_0\lambda_{sd}} \tag{3-15}$$

式中，$\Delta_0=(\beta_0-\delta_0)/\bar{\lambda}_{sd}$，$\bar{\lambda}_{sd}$为直传链路的平均信噪比。

同时，可得 λ_{sd}的累积分布函数为

$$F_{\lambda_{sd}}(\lambda_{sd})=1-\alpha_0\sum_{k_0=0}^{m_0-1}\sum_{m=0}^{k_0}\frac{(1-m_0)_{k_0}(-\delta_0)^{k_0}\lambda_{sd}^{m}}{(k_0!)(\bar{\lambda}_{sd})^{k_0+1}m!\ \Delta_0^{k_0-m+1}}\mathrm{e}^{-\Delta_0\lambda_{sd}} \tag{3-16}$$

假设卫星源端 S 到中继端 R 的链路具有相同的信道参数，由此可得 λ_{1i}的概率密度函数为

$$f_{\lambda_{1i}}(\lambda_{1i}) = \sum_{k_1=0}^{m_1-1} \cdots \sum_{k_{N_2}=0}^{m_1-1} \Xi(N_2) \lambda_{1i}^{\Lambda-1} \mathrm{e}^{-\Delta_1 \lambda_{1i}} \tag{3-17}$$

式中：$\Xi(N_2) \triangleq \prod_{\tau=1}^{N_2} \xi(k_\tau) \alpha_1^{N_2} \prod_{v=1}^{N_2-1} B\left(\sum_{l=1}^{v} k_l + v, k_{v+1} + 1\right)$，$\alpha_1 \triangleq \left(\frac{2b_1 m_1}{2b_1 m_1 + \Omega_1}\right)^{m_1} \Big/ (2b_1)$，$\xi(k_\tau) = (1-m_1)_{k_\tau} (-\delta_1)^{k_\tau} / [(k_\tau!)^2 (\bar{\lambda}_{1i})^{k_\tau+1}]$，$B(.,.)$ 为 Beta 函数，$\delta_1 \triangleq \Omega_1 / [2b_1(2b_1 m_1 + \Omega_1)]$；$\Delta_1 = (\beta_1 - \delta_1)/\bar{\lambda}_{1i}$，$\beta_1 \triangleq 1/(2b_1)$；$\bar{\lambda}_{1i}$为源端 S 到第 i 个中继链路的平均信噪比；$\Lambda \triangleq \sum_{\tau=1}^{N_2} k_\tau + N_2$。

根据文献［136］，λ_{1i}的累积分布函数为

$$F_{\lambda_{1i}}(\lambda_{1i}) = 1 - \sum_{k_1=0}^{m_1-1} \cdots \sum_{k_{N_2}=0}^{m_1-1} \sum_{m=0}^{\Lambda-1} \frac{\Xi(N_2)(\Lambda-1)!\ \lambda_{1i}^m}{m!\ \Delta_1^{\Lambda-m}} \mathrm{e}^{-\Delta_1 \lambda_{1i}} \tag{3-18}$$

当最大比发射和最大比合并技术同时应用到中继时，λ_2、λ_{Jr}和λ_{Jd}的概率密度函数为

$$f_{\lambda_l}(\lambda_l) = \sum_{i=1}^{\rho(A_l)} \sum_{j=1}^{\tau_i(A_l)} \chi_{i,j}(A_l) \frac{\bar{\lambda}_{\langle i \rangle}^{-j}}{(j-1)!} \lambda_l^{j-1} \mathrm{e}^{-\lambda_l / \bar{\lambda}_{\langle i \rangle}} \tag{3-19}$$

式中：$l \in \{2, Jr, Jd\}$；$A_l = \mathrm{diag}(\bar{\lambda}_1, \bar{\lambda}_2, \cdots, \bar{\lambda}_N)(N \in \{N_2, M_1, M_2\})$，$\rho(A_l)$为矩阵$\boldsymbol{A}_l$ 的不同独立对角元素个数；$\bar{\lambda}_{\langle 1 \rangle} > \bar{\lambda}_{\langle 2 \rangle} > \cdots > \bar{\lambda}_{\langle \rho(A_l) \rangle}$为$\bar{\lambda}_{\langle i \rangle}$的重根数；$\chi_{i,j}(A_l)$ 为矩阵$\boldsymbol{A}_l$ 的第(i,j)特性系数。

λ_l 的累积分布函数可表示为

$$F_{\lambda_l}(\lambda_l) = 1 - \sum_{i=1}^{\rho(A_2)} \sum_{j=1}^{\tau_i(A_2)} \chi_{i,j}(A_2) \sum_{m=0}^{j-1} \frac{1}{m!} \left(\frac{\lambda_l}{\bar{\lambda}_{\langle i \rangle}}\right)^m \mathrm{e}^{-\frac{\lambda_l}{\bar{\lambda}_{\langle i \rangle}}} \tag{3-20}$$

3.4.2 中断概率

系统中断概率的准确闭式表达式将在本节给出，中断概率定义为端到端的最终信干损噪比小于特定阈值的概率，可表示为

$$P_{\mathrm{out}}(\gamma_0) = \Pr(\gamma_e \leqslant \gamma_0) \tag{3-21}$$

下面将分别研究直传链路的中断概率和所提出基于阈值的中继选择策略下的中断概率的准确闭式表达式。

1. 直传链路

定理 3.1 在直传链路（Direct Link Transmission Scheme，DLTS）中，中断概率可表示为

$$P_{\mathrm{out}}(\gamma_0) = L_1 \tag{3-22}$$

证明：见本章附录 A。

2. 提出的基于阈值的中继选择策略

定理 3.2　基于提出的中继选择策略（Proposed Relay Selection Scheme，PRSS）下的中断概率可表示为

$$P_{\text{out}}(\gamma_0)=L_1-L_2\cdot L_3 \tag{3-23}$$

证明：见本章附录 B。

3.4.3　吞吐量

吞吐量是另一个评价系统性能的指标。根据文献［41］，吞吐量通常定义为

$$T=R_{\text{s}}\cdot[1-P_{\text{out}}(\gamma_0)] \tag{3-24}$$

式中，R_{s} 为预设的传输速率。

当采用直传链路时，系统吞吐量可表示为

$$T=R_{\text{s}}\times\Pr(\gamma_{\text{sd}}>\gamma_0)=R_{\text{s}}\cdot(1-L_1) \tag{3-25}$$

当采用所提出的中继选择策略时，系统吞吐量可表示为

$$\begin{aligned}T&=R_{\text{s}}\Pr(\gamma_{\text{sd}}>\gamma_0)+\frac{R_{\text{s}}}{2}\Pr(\gamma_{\text{sd}}\leqslant\gamma_0,\gamma_{\text{srd}}>\gamma_0)\\&=R_{\text{s}}\Pr(\gamma_{\text{sd}}>\gamma_0)+\frac{R_{\text{s}}}{2}\Pr(\gamma_{\text{sd}}\leqslant\gamma_0,\min(\gamma_1,\gamma_2)>\gamma_0)\\&=R_{\text{s}}\Pr(\gamma_{\text{sd}}>\gamma_0)+\frac{R_{\text{s}}}{2}\Pr(\gamma_1>\gamma_0)\Pr(\gamma_{\text{sd}}\leqslant\gamma_0,\gamma_2>\gamma_0)\\&=R_{\text{s}}\left(1-L_1+\frac{1}{2}L_2L_3\right)\end{aligned} \tag{3-26}$$

将 L_1、L_2、L_3 的表达式分别代入式（3-25）和式（3-26），将得到所提出的中继选择策略下吞吐量的准确闭式表达式。

3.5　高信噪比下的渐进性能分析

为了进一步分析损伤噪声和同频干扰对于多中继星地融合网络的影响，本节将研究系统高信噪比下的渐进解。

定理 3.3　高信噪比下直传链路和所提出的中继选择策略下的渐进解可分别表示为

$$P_{\text{outD}}^{\infty}(\gamma_0)=L_1^{\infty} \tag{3-27a}$$

$$P_{\text{outP}}^{\infty}(\gamma_0)=L_1^{\infty}-L_2^{\infty}L_3^{\infty} \tag{3-27b}$$

证明：见本章附录 C。

标注 1：从渐进解中可发现直传链路的分集增益永远保持 1。在所提出的中继选择策略

下，系统的分集增益是由参与中继天线的数目、每个中继天线数和所预设的选择阈值 γ_T 决定的。特别地，如果所设定的中断阈值 $\gamma_0>\gamma_T$，系统分集增益主要取决于每个中继天线的数目，反之将由中继数目和中继天线数目共同决定。

3.6 复杂度分析

本节将给出系统的复杂度分析。根据所提出的基于阈值的中继选择策略，在所有中继链路中，当某一个中继链路被选作通信链路时，其他中继链路将不再被检测。因此，根据提出的中继选择策略，系统平均检测链路的数目为

$$N^A = \sum_{i=0}^{N_1-1} [F_{\gamma_{1i}}(\gamma_T)]^i \tag{3-28}$$

由于 $F_{\gamma_{1i}}(\gamma_T)\leqslant 1$，根据等比例函数的性质，可得

$$N^A = \frac{1-[F_{\gamma_{1i}}(\gamma_T)]^{N_1}}{1-F_{\gamma_{1i}}(\gamma_T)} \tag{3-29}$$

由式（3-29）可以看出，N^A 由 N_1 和 $F_{\gamma_{1i}}(\gamma_T)$ 共同决定。特别地，当 $N_1\to\infty$ 时，$N^A=1/[1-F_{\gamma_{1i}}(\gamma_T)]$。在这个假设前提下，如果想得到较小的 N^A，γ_T 应该取较大的值。

进一步，引入调用中继剩余数目比例（Reduced Percentage in terms of the Number of Terrestrial Relay Examinations, RPN），系统复杂度可表示为

$$\mathrm{RPN}=1-N^A/N_1=1-\{1-[F_{\gamma_{1i}}(\gamma_T)]^{N_1}/[1-F_{\gamma_{1i}}(\gamma_T)]\}/N_1 \tag{3-30}$$

3.7 仿真验证

本节对上面讨论的中继选择策略的有效性进行验证，同时分析此策略下的系统性能。本节将中继选择策略和只拥有直传链路的传输策略进行了蒙特卡罗仿真对比。信道仿真参数如表 3-1 所示，仿真软件为 MATLAB。

表 3-1 信道仿真参数

衰落种类	m	b	Ω
FHS	1	0.063	0.000 7
AS	5	0.251	0.279
ILS	10	0.158	1.29

为了便于分析，假设：

- $k_{1i}=k_{sd}=k_{Jd}=k_{Jr}=k_2=k$ 且 $\bar{\lambda}_{sd}=\bar{\lambda}_{1i}=\bar{\lambda}_2=\bar{\gamma}$；

- $M_1 = M_2 = M$；
- $N_1 = 3$；
- $R_s = 10\ \text{bit} \cdot \text{s}^{-1} \cdot \text{Hz}^{-1}$；
- $P_{jd}/\delta_d^2 = P_{\xi r}/\delta_r^2 = 2\ \text{dB}$。

图 3-3 和图 3-4 分别给出了系统在 $\gamma_T = 2$ dB、$\gamma_0 = 3$ dB、$N_2 = 3$、$M = 3$ 和 $\gamma_T = 4$ dB、$\gamma_0 = 3$ dB 时，不同衰落情况下的中断概率。首先，从图 3-3 和图 3-4 可得，仿真值很好地接近理论值且在高信噪比下仿真值与渐进解吻合得很好，此结果充分证明了理论分析的正确性；其次，当系统信道处于严重衰落或者系统的损伤噪声比较大时，系统中断概率将会变大；最后，由图 3-3 和图 3-4 可以看出，所提出的 PRSS 的性能要优于 DLTS 的性能。

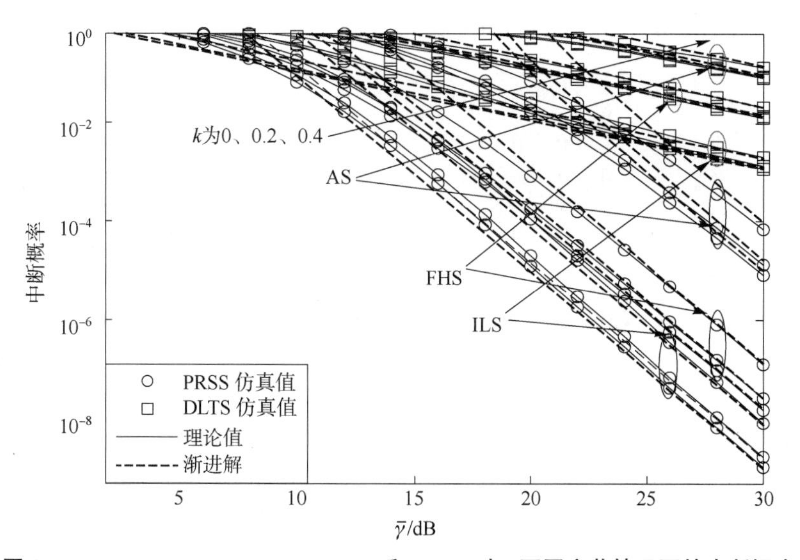

图 3-3　$\gamma_T = 2$ dB、$\gamma_0 = 3$ dB、$N_2 = 3$ 和 $M = 3$ 时，不同衰落情况下的中断概率

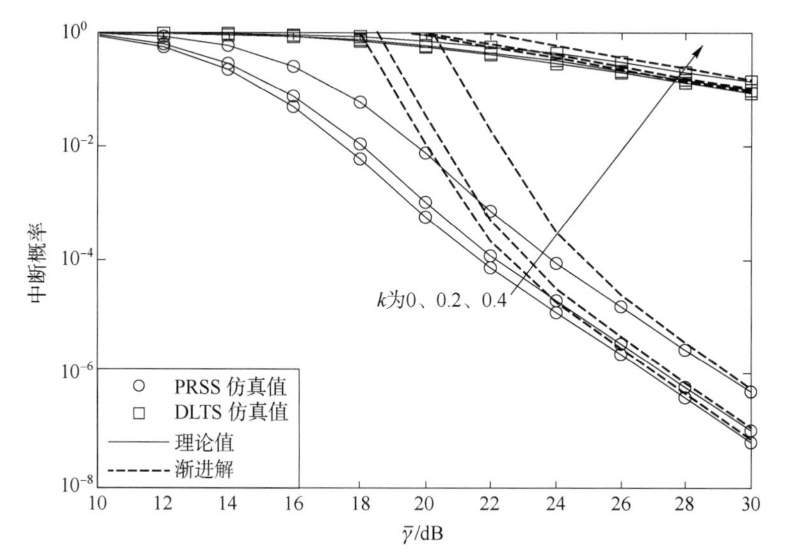

图 3-4　$\gamma_T = 4$ dB、$\gamma_0 = 3$ dB、$N_2 = 3$ 和 $M = 3$ 时，不同衰落情况下的中断概率

图 3-5 给出了系统在 $\gamma_T=2$ dB、$\gamma_0=3$ dB 和 $M=4$ 时，不同 N_2 下的中断概率。图 3-6 给出了系统在 $\gamma_T=4$ dB、$\gamma_0=3$ dB 和 $M=4$ 时，不同 N_2 下的中断概率。首先，可知 N_2 的大小决定了系统分集增益的大小，N_2 越大，分集增益越大，反之亦然；其次，可知损伤噪声并不影响系统的分集增益，但其影响系统的阵列增益。

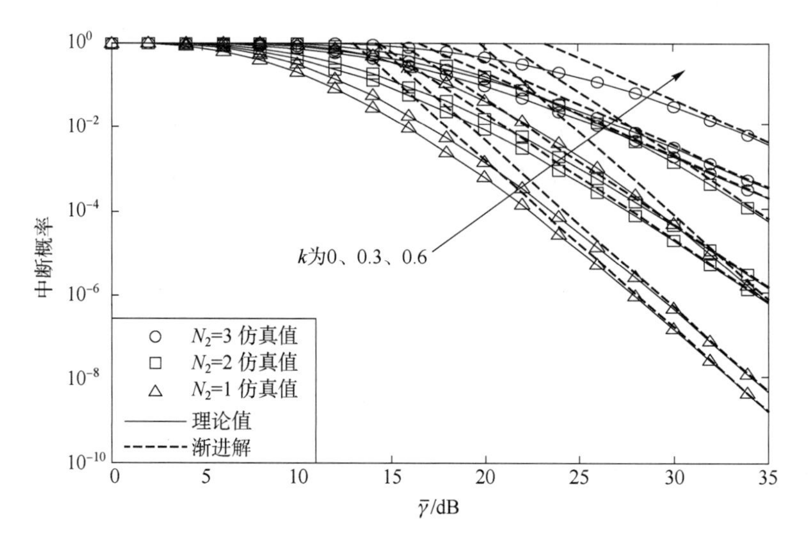

图 3-5　$\gamma_T=2$ dB、$\gamma_0=3$ dB 和 $M=4$ 时，不同 N_2 下的中断概率：FHS

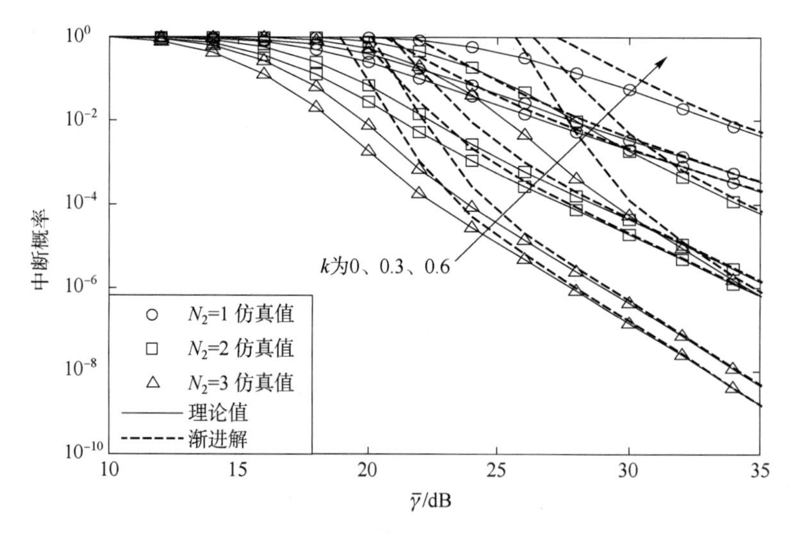

图 3-6　$\gamma_T=4$ dB、$\gamma_0=3$ dB 和 $M=4$ 时，不同 N_2 下的中断概率：FHS

图 3-7 给出了系统在 $\gamma_T=2$ dB、$\gamma_0=3$ dB 和 $N_2=1$ 时，不同 M 下的中断概率。图 3-8 给出了系统在 $\gamma_T=4$ dB、$\gamma_0=3$ dB 和 $N_2=1$ 时，不同 M 下的中断概率。首先，可知 M 的大小与系统分集增益无关；其次，可知 M 影响系统的阵列增益。

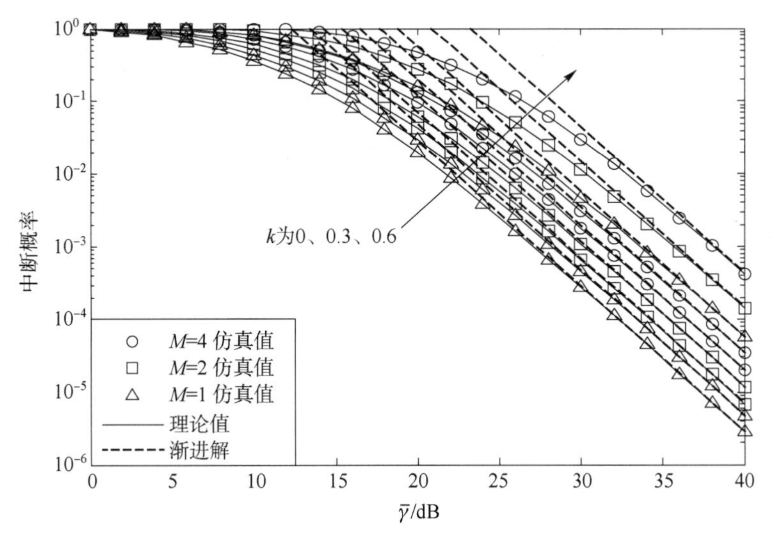

图 3-7　$\gamma_T = 2$ dB、$\gamma_0 = 3$ dB 和 $N_2 = 1$ 时，

不同 M 下的中断概率：FHS

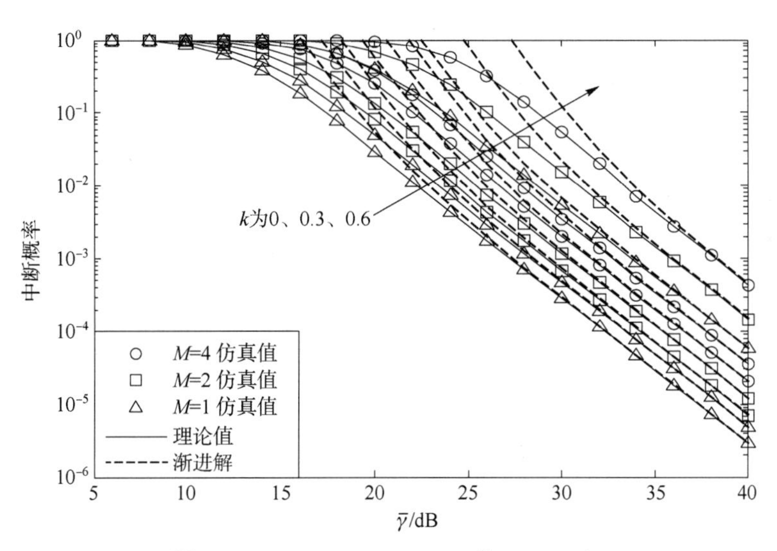

图 3-8　$\gamma_T = 4$ dB、$\gamma_0 = 3$ dB 和 $N_2 = 1$ 时，

不同 M 下的中断概率：FHS

图 3-9 给出了系统在 $N_2 = 3$、$M = 3$ 和 $\gamma_0 = 3$ dB 时，不同的 γ_T 下系统的中断概率。仿真条件为：发射功率为 30 dB。从图 3-9 可以看出，当 γ_T 增加到一定值以后，系统的中断概率恒为定值，这表明，此时系统的传输模式固定，而且中断概率随着损伤噪声的增加而变大。反观 DLTS，无论 γ_T 如何变化，系统的中断概率恒为定值。同时，可得系统的中断概率随着损伤噪声变大而变大。

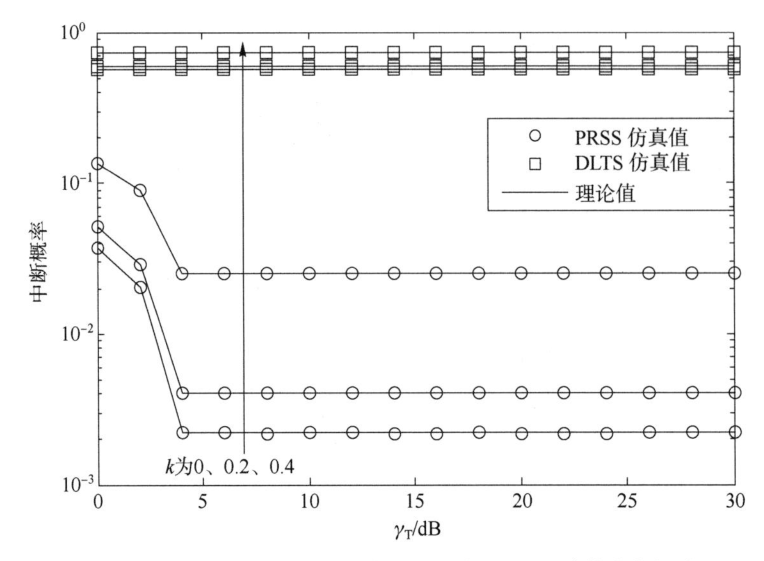

图 3-9　$N_2=3$、$M=3$ 和 $\gamma_0=3$ dB 时，不同的 γ_T 下系统的中断概率：FHS

图 3-10 给出了系统在 $N_2=3$、$M=3$、$\gamma_T=4$ dB 时，不同 γ_0 下系统的中断概率，信道衰落情况为 FHS。仿真条件为：发射功率为 30 dB。从图 3-10 可以看出，由于系统存在损伤噪声，系统的信干损噪比将会有一个上界，此界值为$(\min(1/k_{sd}^2, 1/k_{1i}^2, 1/k_2^2))$。同时，从图 3-10 还可以看出，当系统所设定的中断阈值大于信干损噪比的上界时，系统的中断概率恒为 1；相反，当系统无损伤噪声时，系统无信干损噪比上界，系统的中断概率将随着中断阈值的增加缓慢地趋近于 1。此上界值只由损伤噪声决定，损伤噪声越大，信干损噪比的上界值越小。

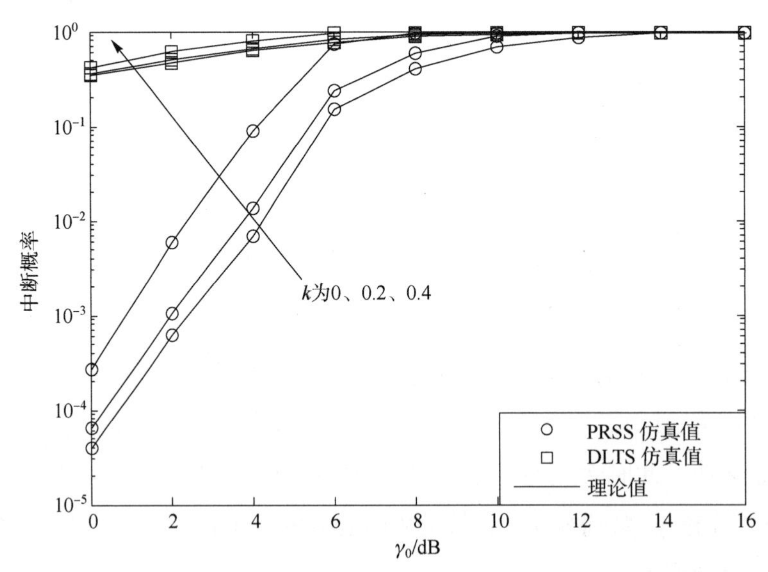

图 3-10　$N_2=3$、$M=3$ 和 $\gamma_T=4$ dB 时，不同 γ_0 下系统的中断概率：FHS

图 3-11 给出了系统在 $N_2=3$、$M=3$、$\gamma_T=4$ dB 和 $\gamma_0=3$ dB 时，不同衰落情况下所提策略的吞吐量，仿真条件为 $\gamma_T=4$ dB 和 $\gamma_0=3$ dB。从图 3-11 可以看出，PRSS 的吞吐量要高于 DLTS 的吞吐量，从而证明所提策略的优越性。由图 3-11 可以看出，在高信噪比时，两种策略的吞吐量具有相同的值，证明当发射或者传输的功率达到一定值后，两种策略的吞吐量是相同的。然而，无线通信系统特别是卫星通信系统中的功率资源是受限的，因此功率不可增加到较大值，由此证明了发射功率在一定限制范围内时，PRSS 的性能要优于 DLTS 的性能。

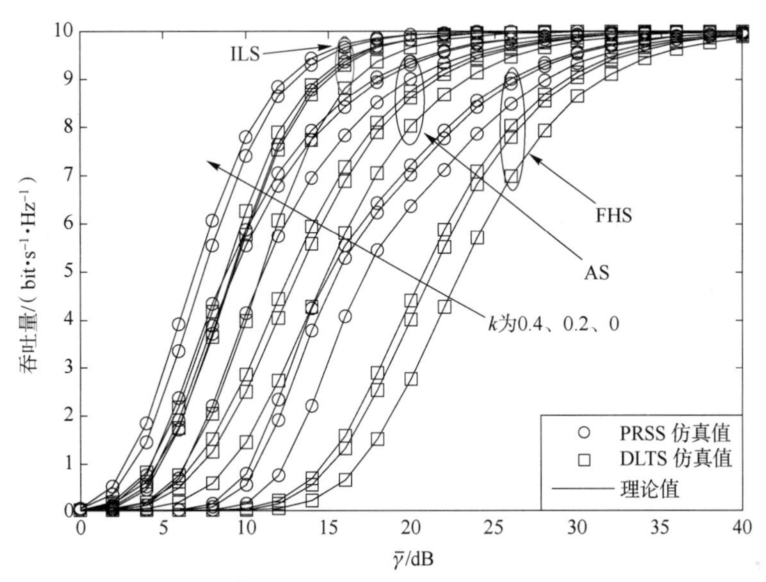

图 3-11　$N_2=3$、$M=3$、$\gamma_T=4$ dB 和 $\gamma_0=3$ dB 时，不同衰落情况下所提策略的吞吐量

图 3-12 给出了不同 N_1 和 $\bar{\gamma}$ 调用中继剩余数目比例，信道衰落情况为 FHS。如图 3-12 所示，将所提出的中继选择策略与最佳的中继选择策略进行比较发现，最佳的中继选择策略的系统中继剩余比例永远为 0，说明在系统采用最佳的中继选择策略时，所有的中继都参与检测，选择其中最佳的中继进行传输。然而，本章所提策略的调用系统中继剩余比例取决于 γ_T，γ_T 增大到一定值，系统中继剩余比例同样归于 0。因为此时系统中所有的中继都参与检测，所以系统中继剩余比例为 0。同样，从图 3-12 可以看出，不同的发射功率决定了系统中继剩余比例为 0 时的阈值，当发射功率增大时，所对应的 γ_T 随之增大，反之则变小。同样，将图 3-12 与图 3-9 进行比较可以看出，最佳的中断概率在一个特定的 γ_T 时为恒定值。在这个特殊的 γ_T 值时，相应的调用系统中继剩余比例足够高，在很大程度上可以减小系统的复杂性，从另一个角度证明了所提出策略的优势。

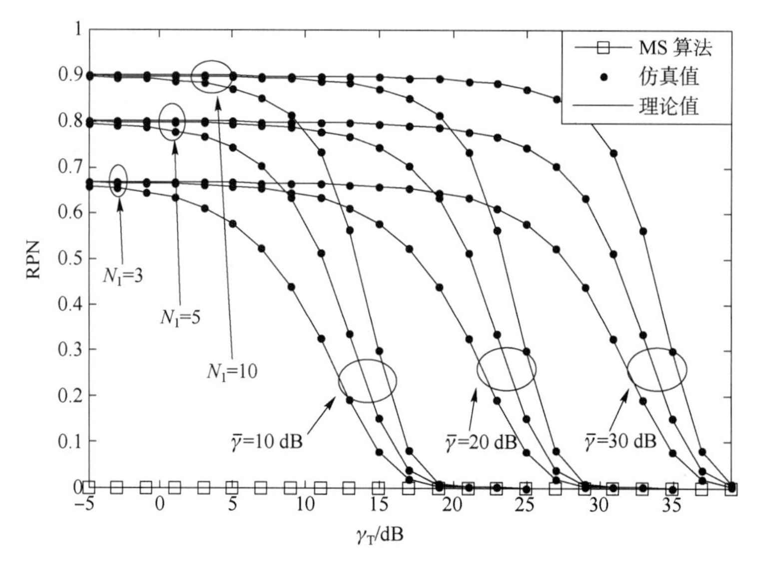

图 3-12　不同 N_1 和 $\bar{\gamma}$ 调用中继剩余数目比例

3.8　小　　结

本章研究了星地融合网络中多天线多中继选择问题：首先考虑了损伤噪声和同频干扰对于系统性能的影响，并提出了一种基于阈值的中继选择策略；其次得到了所提出的选择策略基础上的中断概率和吞吐量的准确闭式表达式。为了更好地研究高信噪比时损伤噪声和同频干扰对于系统的中断概率和吞吐量的影响，进一步得到了系统中断概率和吞吐量高信噪比下的渐进解，在此基础上得到了系统的分集增益和阵列增益。最后仿真结果验证了所提出的中继选择策略的优越性，同时验证了系统性能分析的正确性，并显示出损伤噪声和同频干扰对于系统性能的影响。

3.9　附　　录

A. 定理 3.1 的证明

回顾直传链路中断概率的定义，中断概率可表示为

$$P_{\mathrm{out}}(\gamma_0) \triangleq L_1 = \Pr(\gamma_{\mathrm{sd}} \leqslant \gamma_0) \tag{3-31}$$

根据式（3-2），L_1 可写为

$$\begin{aligned} L_1 &= \int_0^{\infty} \int_0^{\lambda_{\mathrm{Jd}}A+B} f_{\lambda_{\mathrm{sd}}}(\lambda_{\mathrm{sd}})\,\mathrm{d}\lambda_{\mathrm{sd}} f_{\lambda_{\mathrm{Jd}}}(\lambda_{\mathrm{Jd}})\,\mathrm{d}\lambda_{\mathrm{Jd}} \\ &= \int_0^{\infty} F_{\lambda_{\mathrm{sd}}}(\lambda_{\mathrm{Jd}}A + B) f_{\lambda_{\mathrm{Jd}}}(\lambda_{\mathrm{Jd}})\,\mathrm{d}\lambda_{\mathrm{Jd}} \end{aligned} \tag{3-32}$$

式中，$A=(1+k_{\mathrm{Jd}}^2)\gamma_0/(1-k_{\mathrm{sd}}^2\gamma_0)$，$B=\gamma_0/(1-k_{\mathrm{sd}}^2\gamma_0)$。

将式（3-16）和式（3-19）代入式（3-32），可得

$$L_1=\sum_{i=1}^{\rho(A_{\mathrm{Jd}})}\sum_{j=1}^{\tau_i(A_{\mathrm{Jd}})}\chi_{i,j}(A_{\mathrm{Jd}})\frac{\bar{\lambda}_{\langle i\rangle}^{-j}}{(j-1)!}\Bigg[\underbrace{\int_0^{\infty}\lambda_1^{j-1}\mathrm{e}^{-\lambda_1/\bar{\lambda}_{\langle i\rangle}}\mathrm{d}\lambda_{\mathrm{Jd}}}_{I_1}-\alpha_0\sum_{k_0=0}^{m_0-1}\frac{(1-m_0)_{k_0}(-\delta_0)^{k_0}}{(k_0!)(\bar{\lambda}_{\mathrm{sd}})^{k_0+1}}$$

$$\cdot\sum_{m=0}^{k_0}\sum_{v=0}^{m}\frac{\mathrm{e}^{-\Delta_0 B}}{m!\ \Delta_0^{k_0-m+1}}\binom{m}{v}B^{m-v}A^{v}\underbrace{\int_0^{\infty}\lambda_1^{j+v-1}\mathrm{e}^{-\lambda_1(A\Delta_0+1/\bar{\lambda}_{\langle i\rangle})}\mathrm{d}\lambda_{\mathrm{Jd}}}_{I_2}\Bigg] \tag{3-33}$$

根据文献［136］，I_1 和 I_2 可分别表示为

$$\begin{cases}I_1=(j-1)!\ \bar{\lambda}_{\langle i\rangle}^{j}\\ I_2=(v+j-1)!\ \left(A\Delta_0+\dfrac{1}{\bar{\lambda}_{\langle i\rangle}}\right)^{-v-j}\end{cases} \tag{3-34}$$

将 I_1 和 I_2 代入式（3-34），并做必要的数学推导，L_1 的最终表达式为

$$L_1=\begin{cases}\displaystyle\sum_{i=1}^{\rho(A_{\mathrm{Jd}})}\sum_{j=1}^{\tau_i(A_{\mathrm{Jd}})}\chi_{i,j}(A_{\mathrm{Jd}})\frac{\bar{\lambda}_{\langle i\rangle}^{-j}}{(j-1)!}\Bigg[(j-1)!\ \bar{\lambda}_{\langle i\rangle}^{j}-\alpha_0\sum_{k_0=0}^{m_0-1}\frac{(1-m_0)_{k_0}(-\delta_0)^{k_0}}{(k_0!)(\bar{\lambda}_{\mathrm{sd}})^{k_0+1}}\mathrm{e}^{-\Delta_0 B}\\ \displaystyle\cdot\sum_{m=0}^{k_0}\frac{1}{m!\ \Delta_0^{k_0-m+1}}\sum_{v=0}^{m}\binom{m}{v}B^{m-v}A^{v}(v+j-1)!\ \left(A\Delta_0+\frac{1}{\bar{\lambda}_{\langle i\rangle}}\right)^{-v-j}\Bigg],\quad \gamma_0<\dfrac{1}{k_{\mathrm{sd}}^2}\\ 1,\quad \gamma_0\geqslant\dfrac{1}{k_{\mathrm{sd}}^2}\end{cases} \tag{3-35}$$

B. 定理 3.2 的证明

回顾所提中继选择策略下的中断概率，根据式（3-11）可得

$$\begin{aligned}P_{\mathrm{out}}(\gamma_0)&=\Pr(\gamma_{\mathrm{sd}}\leqslant\gamma_0,\gamma_{\mathrm{srd}}\leqslant\gamma_0)\\&=\Pr(\gamma_{\mathrm{sd}}\leqslant\gamma_0)-\Pr(\gamma_{\mathrm{sd}}\leqslant\gamma_0,\min(\gamma_1,\gamma_2)>\gamma_0)\\&=\Pr(\gamma_{\mathrm{sd}}\leqslant\gamma_0)-\Pr(\gamma_{\mathrm{sd}}\leqslant\gamma_0,\gamma_1>\gamma_0,\gamma_2>\gamma_0)\\&=\underbrace{\Pr(\gamma_{\mathrm{sd}}\leqslant\gamma_0)}_{L_1}-\underbrace{\Pr(\gamma_1>\gamma_0)}_{L_2}\underbrace{\Pr(\gamma_{\mathrm{sd}}\leqslant\gamma_0,\gamma_2>\gamma_0)}_{L_3}\end{aligned} \tag{3-36}$$

通过式（3-36）可知，计算中断概率的关键是得到 L_1、L_2 和 L_3 的表达式，L_1 已经在式（3-35）中得到，最后的目的是得到 L_2 和 L_3 的表达式。

首先，将 L_2 改写为 $L_2=1-F_{\gamma_1}(\gamma_0)$。由于应用所提出的中继选择策略，所以 γ_1 的累积分布函数可表示为

$$F_{\gamma_1}(\gamma_0)=\begin{cases}\displaystyle\sum_{i=2}^{N_1}\Pr[\max\{\gamma_{11},\gamma_{12},\cdots,\gamma_{1(i-1)}\}<\gamma_{\mathrm{T}},\quad \gamma_{\mathrm{T}}\leqslant\gamma_{1i}<\gamma_0]\\ +\Pr(\gamma_{\mathrm{T}}\leqslant\gamma_{11}<\gamma_0)+\Pr[\max\{\gamma_{11},\quad \gamma_{12},\cdots,\gamma_{1N_1}\}<\gamma_{\mathrm{T}}],\gamma_0\geqslant\gamma_{\mathrm{T}}\\ \Pr[\max\{\gamma_{11},\gamma_{12},\cdots,\gamma_{1N_1}\}<\gamma_0],\quad \gamma_0<\gamma_{\mathrm{T}}\end{cases} \tag{3-37}$$

假设所有的卫星链路服从独立同分布的阴影莱斯信道，因此式（3-37）可改写为

$$F_{\gamma_1}(\gamma_0)=\begin{cases}\sum\limits_{i=2}^{N_1}\{[F_{\gamma_{1i}}(\gamma_T)]^{i-1}[F_{\gamma_{1i}}(\gamma_0)-F_{\gamma_{1i}}(\gamma_T)]\}\\+[F_{\gamma_{11}}(\gamma_0)-F_{\gamma_{11}}(\gamma_T)]+[F_{\gamma_{1i}}(\gamma_T)]^{N_1}, & \gamma_0\geqslant\gamma_T\\ [F_{\gamma_{1i}}(\gamma_0)]^{N_1}, & \gamma_0<\gamma_T\end{cases}\tag{3-38}$$

对式（3-38）做必要的推导，式（3-38）可表示为

$$F_{\gamma_1}(\gamma_0)=\begin{cases}1-\sum\limits_{i=0}^{N_1-1}[F_{\gamma_{1i}}(\gamma_T)]^{i}[1-F_{\gamma_{1i}}(\gamma_0)], & \gamma_0\geqslant\gamma_T\\ [F_{\gamma_{1i}}(\gamma_0)]^{N_1}, & \gamma_0<\gamma_T\end{cases}\tag{3-39}$$

为了计算 $F_{\gamma_{1i}}(\gamma_0)$，由式（3-6）可得

$$\begin{aligned}F_{\gamma_{1i}}(\gamma_0)&=\int_0^\infty\int_0^{\lambda_{Jr}C+D}f_{\lambda_{1i}}(\lambda_{1i})\mathrm{d}\lambda_{1i}f_{\lambda_{Jr}}(\lambda_{Jr})\mathrm{d}\lambda_{Jr}\\&=\int_0^\infty F_{\lambda_{1i}}(\lambda_{Jr}C+D)f_{\lambda_{Jr}}(\lambda_{Jr})\mathrm{d}\lambda_{Jr}\end{aligned}\tag{3-40}$$

式中，$C=(1+k_{Jr}^2)\gamma_0/(1-k_{1i}^2\gamma_0)$，$D=\gamma_0/(1-k_{1i}^2\gamma_0)$。

将式（3-18）和式（3-19）代入式（3-40），应用求解式（3-35）的相同方法，$F_{\gamma_{1i}}(\gamma_0)$ 可表示为

$$F_{\gamma_{1i}}(\gamma_0)=\begin{cases}\sum\limits_{i=1}^{\rho(A_{Jr})}\sum\limits_{j=1}^{\tau_i(A_{Jr})}\chi_{i,j}(A_{Jr})\dfrac{\bar{\lambda}_{\langle i\rangle}^{-j}}{(j-1)!}\Big[(j-1)!\ \bar{\lambda}_{\langle i\rangle}^{j}-\sum\limits_{k_1=0}^{m_1-1}\cdots\sum\limits_{k_{N_1}=0}^{m_1-1}\Xi(N_2)\mathrm{e}^{-\Delta_1 D}\\ \cdot\sum\limits_{m=0}^{\Lambda-1}\dfrac{(\Lambda-1)!}{m!}\dfrac{1}{\Delta_1^{\Lambda-m}}\sum\limits_{v=0}^{m}\dbinom{m}{v}D^{m-v}C^{v}(j-1+v)!\ (\Delta_1 C+\bar{\lambda}_{\langle i\rangle})^{-j-v}\Big], & \gamma_0<\dfrac{1}{k_{1i}^2}\\ 1, & \gamma_0\geqslant\dfrac{1}{k_{1i}^2}\end{cases}\tag{3-41}$$

将式（3-41）代入式（3-39），可得 $F_{\gamma_1}(\gamma_0)$ 的最终表达式，并通过 $L_2=1-F_{\gamma_1}(\gamma_0)$ 可以计算出 L_2 的最终表达式。

下面给出 L_3 的最终表达式，即

$$\begin{aligned}L_3&=\int_0^\infty\int_0^{\lambda_{Jd}A+B}f_{\lambda_{sd}}(\lambda_{sd})\mathrm{d}\lambda_{sd}\int_{\lambda_{Jd}E+F}^\infty f_{\lambda_2}(\lambda_2)\mathrm{d}\lambda_2 f_{\lambda_{Jd}}(\lambda_{Jd})\mathrm{d}\lambda_{Jd}\\&=\int_0^\infty F_{\lambda_{sd}}(\lambda_{Jd}A+B)[1-F_{\lambda_2}(\lambda_{Jd}E+F)]f_{\lambda_{Jd}}(\lambda_{Jd})\mathrm{d}\lambda_{Jd}\end{aligned}\tag{3-42}$$

首先得到 γ_2 的累积分布函数为

$$\begin{aligned}F_{\gamma_2}(\gamma_0)&=\Pr(\lambda_2\leqslant\lambda_{Jd}E+F)\\&=\begin{cases}1-\sum\limits_{s=1}^{\rho(A_2)}\sum\limits_{r=1}^{\tau_s(A_2)}\chi_{s,r}(A_2)\sum\limits_{q=0}^{r-1}\dfrac{1}{q!}\left(\dfrac{\lambda_{Jd}E+F}{\bar{\lambda}_{\langle s\rangle}}\right)^{q}\mathrm{e}^{-\frac{\lambda_{Jd}E+F}{\bar{\lambda}_{\langle s\rangle}}}, & \gamma_0<\dfrac{1}{k_2^2}\\ 1, & \gamma_0\geqslant\dfrac{1}{k_2^2}\end{cases}\end{aligned}\tag{3-43}$$

式中，$E=(1+k_{\mathrm{Jd}}^2)\gamma_0/(1-k_2^2\gamma_0)$，$F=\gamma_0/(1-k_2^2\gamma_0)$。

将式（3-43）和式（3-16）、式（3-19）、式（3-20）代入式（3-42），可得

$$L_3=\begin{cases}\sum_{s=1}^{\rho(A_2)}\sum_{r=1}^{\tau_s(A_2)}\sum_{m=0}^{r-1}\sum_{i=1}^{\rho(A_{\mathrm{Jd}})}\sum_{j=1}^{\tau_i(A_{\mathrm{Jd}})}\dfrac{\chi_{s,r}(A_2)\chi_{i,j}(A_{\mathrm{Jd}})\bar{\lambda}_{\langle i\rangle}^{-j}}{m!\ \bar{\lambda}_{\langle s\rangle}^{m}(j-1)!}\sum_{v=0}^{m}\binom{m}{v}F^{m-v}E^{v}\mathrm{e}^{-\frac{F}{\bar{\lambda}_{\langle s\rangle}}}\\ \cdot\Bigg[\underbrace{\int_0^\infty\lambda_{\mathrm{Jd}}^{v+j-1}\mathrm{e}^{-\lambda_{\mathrm{Jd}}(E/\bar{\lambda}_{\langle s\rangle}+1/\bar{\lambda}_{\langle i\rangle})}\mathrm{d}\lambda_{\mathrm{Jd}}}_{I_3}-\alpha_0\sum_{k_0=0}^{m_0-1}\sum_{q=0}^{k_0}\dfrac{(1-m_0)_{k_0}(-\delta_0)^{k_0}\mathrm{e}^{-\Delta_0 B}}{(k_0!)(\bar{\lambda}_{\mathrm{sd}})^{k_0+1}q!\ \Delta_0^{k_0-m+1}}\\ \cdot\sum_{t=1}^{q}\binom{q}{t}B^{q-t}A^{t}\underbrace{\int_0^\infty\lambda_{\mathrm{Jd}}^{t+v+j-1}\mathrm{e}^{-\lambda_{\mathrm{Jd}}(\Delta_0A+E/\bar{\lambda}_{\langle s\rangle}+1/\bar{\lambda}_{\langle i\rangle})}\lambda_{\mathrm{Jd}}}_{I_4}\Bigg],\quad\gamma_0<\min\left(\dfrac{1}{k_{\mathrm{sd}}^2},\dfrac{1}{k_2^2}\right)\\ 1,\quad\gamma_0\geqslant\min\left(\dfrac{1}{k_{\mathrm{sd}}^2},\dfrac{1}{k_2^2}\right)\end{cases}\tag{3-44}$$

根据文献［136］，I_3 和 I_4 的最终表达式为

$$\begin{cases}I_3=(j+v-1)!\ (E/\bar{\lambda}_{\langle s\rangle}+1/\bar{\lambda}_{\langle i\rangle})^{-j-v}\\ I_4=(t+v+j-1)!\ (\Delta_0A+E/\bar{\lambda}_{\langle s\rangle}+1/\bar{\lambda}_{\langle i\rangle})^{-t-v-j}\end{cases}\tag{3-45}$$

将式（3-45）代入式（3-44），经过必要的推导，L_3 的最终表达式为

$$L_3=\begin{cases}\sum_{s=1}^{\rho(A_2)}\sum_{r=1}^{\tau_s(A_2)}\sum_{m=0}^{r-1}\sum_{i=1}^{\rho(A_{\mathrm{Jd}})}\sum_{j=1}^{\tau_i(A_{\mathrm{Jd}})}\dfrac{1}{m!}\chi_{s,r}(A_2)\chi_{i,j}(A_{\mathrm{Jd}})\dfrac{\bar{\lambda}_{\langle i\rangle}^{-j}}{\bar{\lambda}_{\langle s\rangle}^{m}(j-1)!}\sum_{v=0}^{m}\binom{m}{v}F^{m-v}E^{v}\mathrm{e}^{-\frac{F}{\bar{\lambda}_{\langle s\rangle}}}\\ \cdot\Bigg[(j+v-1)!\ (E/\bar{\lambda}_{\langle s\rangle}+1/\bar{\lambda}_{\langle i\rangle})^{-j-v}-\alpha_0\sum_{k_0=0}^{m_0-1}\sum_{q=0}^{k_0}\dfrac{(1-m_0)_{k_0}(-\delta_0)^{k_0}\mathrm{e}^{-\Delta_0B}}{(k_0!)(\bar{\lambda}_{\mathrm{sd}})^{k_0+1}q!\ \Delta_0^{k_0-m+1}}\\ \cdot\sum_{t=1}^{q}\binom{q}{t}B^{q-t}A^{t}(t+v+j-1)!\ (\Delta_0A+E/\bar{\lambda}_{\langle s\rangle}+1/\bar{\lambda}_{\langle i\rangle})^{-t-v-j}\Bigg],\quad\gamma_0<\min\left(\dfrac{1}{k_{\mathrm{sd}}^2},\dfrac{1}{k_2^2}\right)\\ 1,\quad\gamma_0\geqslant\min\left(\dfrac{1}{k_{\mathrm{sd}}^2},\dfrac{1}{k_2^2}\right)\end{cases}\tag{3-46}$$

最后将 L_1、L_2 和 L_3 的表达式代入式（3-36），定理得证。

C　定理 3.3 的证明

根据文献［29］，λ_{sd}的概率密度函数为

$$f_{\lambda_{\mathrm{sd}}}(\lambda_{\mathrm{sd}})\approx\frac{\alpha_0}{\bar{\lambda}_{\mathrm{sd}}}+O(\lambda_{\mathrm{sd}})\tag{3-47}$$

根据文献［34］，当 $\bar{\lambda}_n=\bar{\lambda}_1,n=1,2,\cdots,N$ 时，式（3-19）可表示为

$$f_{\lambda_1}(\lambda_1)=\frac{\bar{\lambda}_1^{-N}}{(N-1)!}\lambda_1^{N-1}\mathrm{e}^{-\lambda_1/\bar{\lambda}_1}\tag{3-48}$$

下面求得 L_1^∞、L_2^∞ 和 L_3^∞ 在高信噪比下的渐进表达式。

借助于式（3-32），并将式（3-47）和式（3-48）代入式（3-32），可得

$$L_1^{\infty}=\frac{\alpha_0}{\bar{\lambda}_{\mathrm{sd}}}(A\bar{\lambda}_{\mathrm{Jd}}M_2+B) \tag{3-49}$$

根据文献［29］，式（3-17）在高信噪比下可表示为

$$f_{\lambda_{1i}}(\lambda_{1i})=\frac{\alpha_1^{N_2}\lambda_{1i}^{N_2-1}}{(N_2-1)!\ \bar{\lambda}_{1i}^{N_2}}+O(\lambda_{1i}^{N_2}) \tag{3-50}$$

下面关注 L_2^{∞}、L_2^{∞} 可表示为 $L_2^{\infty}=1-F_{\gamma_1}(\gamma_0)$，用求解式（3-41）的相同方法，将式（3-50）和式（3-48）代入式（3-40），$F_{\gamma_{1i}}(\gamma_0)$ 在高信噪比下的渐进解可表示为

$$F_{\gamma_{1i}}(\gamma_0)=\frac{\alpha_1^{N_2}\bar{\lambda}_{\mathrm{Jr}}^{-M_1}}{(N_2)!\ \bar{\lambda}_{1i}^{N_2}(M_1-1)!}\sum_{v=0}^{N_2}\binom{N_2}{v}D^{N_2-v}C^{v}(v+M_1-1)!\left(\frac{1}{\bar{\lambda}_{\mathrm{Jr}}}\right)^{-v-M_1} \tag{3-51}$$

利用所提出的中继选择策略，并结合式（3-51），可得 L_2^{∞} 的最终表达式。

下面求解 L_3^{∞} 的渐进解，λ_2 在高信噪比下的累积分布函数为

$$F_{\lambda_2}(\lambda_2)\approx\frac{1}{N_2!}\left(\frac{\lambda_2}{\bar{\lambda}_2}\right)^{N_2} \tag{3-52}$$

将式（3-52）、式（3-47）和式（3-48）代入式（3-42），可得 L_3^{∞} 的近似解为

$$\begin{aligned}L_3^{\infty}=&\frac{\alpha_0}{\bar{\lambda}_{\mathrm{sd}}}(A\bar{\lambda}_{\mathrm{Jd}}M_2+B)-\frac{\alpha_0\bar{\lambda}_{\mathrm{Jd}}^{-M_2}}{\bar{\lambda}_{\mathrm{sd}}\bar{\lambda}_2^{N_2}N_2!\ (M_2-1)!}\\&\cdot\sum_{r=0}^{N_2}\binom{N_2}{r}F^{N_2-r}E^{r}\left[\frac{A(r+M_2)!}{\bar{\lambda}_{\mathrm{Jd}}^{r+M_2+1}}+\frac{B(r+M_2-1)!}{\bar{\lambda}_{\mathrm{Jd}}^{r+M_2}}\right]\end{aligned} \tag{3-53}$$

最后，将 L_1^{∞}、L_2^{∞} 和 L_3^{∞} 的渐进表达式分别代入式（3-31）、式（3-36）、式（3-25）和式（3-26），最终完成系统高信噪比下的渐进分析。

在下面的分析中，假设$\bar{\lambda}_1\ \bar{\lambda}_{\mathrm{sd}}=\bar{\lambda}_2\ \bar{\lambda}_{1i}=\bar{\lambda}_3\ \bar{\lambda}_2=\bar{\lambda}$，由此可快速地得到系统的分集增益和阵列增益。

进一步，L_1^{∞}、L_2^{∞} 和 L_3^{∞} 可改写为

$$L_1^{\infty}=A_1\left(\frac{1}{\bar{\lambda}}\right) \tag{3-54}$$

$$L_2^{\infty}=\begin{cases}C_1\left(\dfrac{1}{\bar{\lambda}}\right)^{N_2 i}+C_2\left(\dfrac{1}{\bar{\lambda}}\right)^{N_2(i+1)}, & \gamma_0\geqslant\gamma_{\mathrm{T}}\\ 1-C_3\left(\dfrac{1}{\bar{\lambda}}\right)^{N_2N_1}, & \gamma_0<\gamma_{\mathrm{T}}\end{cases} \tag{3-55}$$

$$L_3^{\infty}=A_1\left(\frac{1}{\bar{\lambda}}\right)-D_1\left(\frac{1}{\bar{\lambda}}\right)^{N_2} \tag{3-56}$$

将式（3-54）、式（3-55）和式（3-56）代入式（3-36），并忽略其中的高阶部分，可得中断概率高信噪比下的渐进解为

$$P_{\text{out}}(\gamma_0) \approx \begin{cases} A_1\left(\dfrac{1}{\bar{\lambda}}\right), & \gamma_{\text{sd}} \geqslant x_0 \\ A_1\left(\dfrac{1}{\bar{\lambda}}\right), & \gamma_0 \geqslant \gamma_{\text{T}}; \gamma_{\text{sd}} < x_0 \\ D_1\left(\dfrac{1}{\bar{\lambda}}\right)^{N_2}, & \gamma_0 < \gamma_{\text{T}}; \gamma_{\text{sd}} < x_0 \end{cases} \tag{3-57}$$

其中，

$$\begin{cases} A_1 = \alpha_0(A\bar{\lambda}_{\text{Jd}}M_2 + B)/\bar{\lambda}_1 \\ C_1 = \sum\limits_{i=0}^{N_1-1} B_2^i \\ C_2 = \sum\limits_{i=0}^{N_1-1} B_2^i B_1 \\ C_3 = \sum\limits_{i=0}^{N_1} B_1^i \\ D_1 = \dfrac{\alpha_0 \bar{\lambda}_{\text{Jd}}^{-M_2}}{N_2!\,(M_2-1)!} \cdot \sum\limits_{r=0}^{N_2} \dbinom{N_2}{r} F^{N_2-r}E^r\left[\dfrac{A(r+M_2)!}{\bar{\lambda}_{\text{Jd}}^{r+M_2+1}} + \dfrac{B(r+M_2-1)!}{\bar{\lambda}_{\text{Jd}}^{r+M_2}}\right] \Big/ (\bar{\lambda}_3^{N_2+1}) \end{cases} \tag{3-58}$$

式中，B_1 和 B_2 可分别表示为

$$\begin{cases} B_1 = \dfrac{\alpha_1^{N_2}\bar{\lambda}_{\text{Jr}}^{-M_1}}{(N_2)!\,(M_1-1)!} \sum\limits_{v=0}^{N_2} \dbinom{N_2}{v} D^{N_2-v}C^v(v+M_1-1)!\left(\dfrac{1}{\bar{\lambda}_{\text{Jr}}}\right)^{-v-M_1} \Big/ (\bar{\lambda}_2^{N_2+1}) \\ B_2 = \dfrac{\alpha_1^{N_2}\bar{\lambda}_{\text{Jr}}^{-M_1}}{(N_2)!\,(M_1-1)!} \sum\limits_{v=0}^{N_2} \dbinom{N_2}{v} D_{\gamma_{\text{T}}}^{N_2-v}C_{\gamma_{\text{T}}}^v(v+M_1-1)!\left(\dfrac{1}{\bar{\lambda}_{\text{Jr}}}\right)^{-v-M_1} \Big/ (\bar{\lambda}_2^{N_2+1}) \end{cases} \tag{3-59}$$

式中，$C_{\gamma_{\text{T}}} = (1+k_{\text{Jr}}^2)\gamma_{\text{T}}/(1-k_{1i}^2\gamma_{\text{T}})$，$D_{\gamma_{\text{T}}} = \gamma_{\text{T}}/(1-k_{1i}^2\gamma_{\text{T}})$。

系统的分集增益 G_{d} 和阵列增益 G_{a} 可分别表示为

$$G_{\text{d}} = \begin{cases} 1, & \gamma_{\text{sd}} \geqslant x_0 \\ 1, & x_0 \geqslant \gamma_{\text{T}}; \gamma_{\text{sd}} < x_0 \\ N_2, & x_0 < \gamma_{\text{T}}; \gamma_{\text{sd}} < x_0 \end{cases} \tag{3-60}$$

$$G_{\text{a}} = \begin{cases} A_1, & \gamma_{\text{sd}} \geqslant x_0 \\ A_1, & x_0 \geqslant \gamma_{\text{T}}; \gamma_{\text{sd}} < x_0 \\ D_1, & x_0 < \gamma_{\text{T}}; \gamma_{\text{sd}} < x_0 \end{cases} \tag{3-61}$$

第 4 章 基于双向中继机会调度的星地融合网络传输策略与分析

4.1 引言

第 3 章主要研究了星地融合网络中多中继选择问题，由第 3 章内容可知，多地面中继参与通信可以显著地提高系统性能。为了平衡系统复杂性和效率，不同的中继选择策略常用到系统中。在众多的中继选择策略中，机会中继选择策略和部分中继选择策略是最常用的策略。文献［42-43］分别研究了不同的中继选择策略在星地融合网络中的应用场景。

无线通信系统的节点由于各种原因而形成非理想硬件，卫星通信作为特殊的无线通信方式，由非理想硬件产生的损伤噪声对其影响更加明显。文献［97］提出了通用的损伤噪声模型，并在此基础上分析了损伤噪声下的系统中断概率的准确解和渐进解。在此模型基础上，文献［143］分析了损伤噪声对于卫星中继通信系统的影响，并且得到了中断概率的准确闭式表达式。文献［144］分析了损伤噪声和同频干扰对于星地融合网络的影响。

然而，大多数文献研究主要集中于单向网络中，很少涉及双向中继网络，双向中继由于较高的频谱利用率而备受关注。文献［145-147］分别介绍了双向中继网络中两个、三个和四个时隙的传输问题，系统地介绍了双向中继的工作原理。目前，双向中继在卫星通信中的研究更是方兴未艾。文献［53-58］研究了以卫星为中继的双向卫星中继通信网络，并分析了该网络的中断性能，双向中继技术在星地融合网络中的研究更是少之又少。据我们所知，只有文献［148］研究了星地融合网络中双向单中继问题，并且只分析了放大转发协议下的中断概率，忽略了双向中继网络中地面中继处理能力的提升和多个中继带来的系统分集增益的提升。

鉴于以上原因，本章同时考虑损伤噪声、多个地面多天线双向中继在星地融合网络中的影响，分析了系统的中断概率和吞吐量。

4.2　系统模型和问题建模

如图 4-1 所示，本章考虑具有双向中继的星地融合协作网络，其中卫星和地面用户通过多个双向中继中的一个进行通信。由于严重衰落和巨型遮挡，在卫星和地面用户之间不考虑直传链路。本章研究的系统包含了一个卫星源端 S_1、N 个地面中继端 R，还有一个地面源端 S_2。源端 S_1 和 S_2 分别配置单天线，中继端 R 配置 M 根天线。为了获得最佳系统性能，本章采用机会中继选择策略（调度策略），机会中继选择策略概括了所有链路中选择具有最大信损噪比的通信链路。

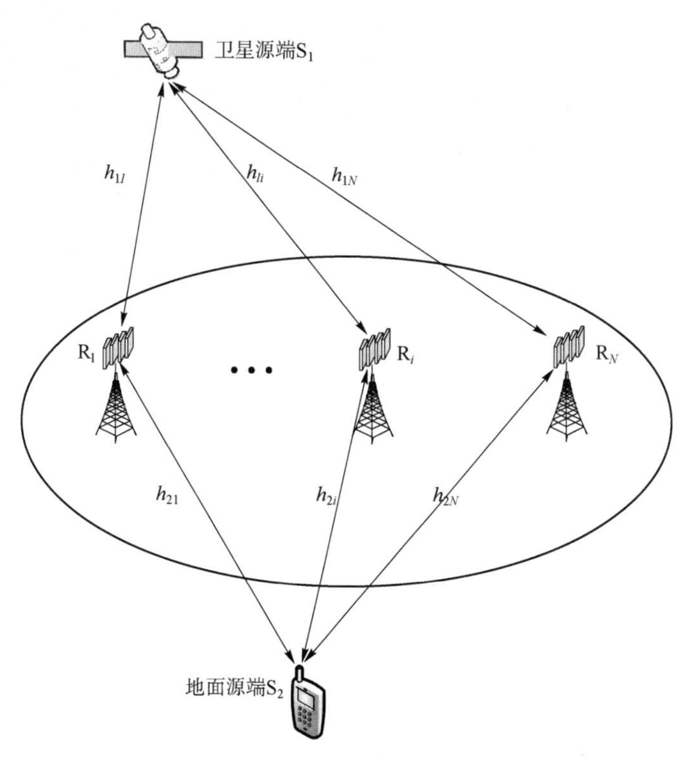

图 4-1　系统模型

两个源端之间的通信需要两个时隙。在第一个时隙，源端 S_1 和 S_2 同时将它们的信号 $x_1(t)$ 和 $x_2(t)$ 传输到第 i 个中继端 R_i 处。因此，第一个时隙在第 i 个中继端 R_i 处接收到的信号可表示为

$$y_r(t)=\boldsymbol{w}_i^{\mathrm{H}}\boldsymbol{h}_{1i}[\sqrt{k_1P_1}x_1(t)+\eta_1(t)]+\boldsymbol{w}_i^{\mathrm{H}}\boldsymbol{h}_{2i}[\sqrt{k_2P_2}x_2(t)+\eta_2(t)]+\boldsymbol{w}_i^{\mathrm{H}}n_i(t) \quad (4-1)$$

式中：$\boldsymbol{w}_i^{\mathrm{H}}$ 为在第 i 个中继端 R_i 处的波束成形矢量，且 $E[\|\boldsymbol{w}_i\|^2]=1$；$\boldsymbol{h}_{1i}$ 为源端 S_1 到第 i 个中继端 R_i 的阴影莱斯分布信道衰落矢量；k_1 表示卫星源端 S_1 处的损伤噪声水平，且满足 $0\leqslant k_1\leqslant 1$，$k_1=1$ 表示理想硬件；P_1 为卫星源端 S_1 处的发射功率；$x_1(t)$ 表示从源端 S_1 发射的信号，且 $E[|x_1(t)|^2]=1$；$\eta_1(t)$ 为由于非理想硬件引起的损伤噪声，建模为 $\eta_1(t)\sim$

$\mathcal{CN}(0,(1-k_1)P_1)$；$\boldsymbol{h}_{2i}$ 为地面源端 S_2 到第 i 个中继端 R_i 处的信道衰落矢量，且服从 Rayleigh 分布；k_2 为地面源端 S_2 处的损伤噪声水平，且满足 $0 \leqslant k_2 \leqslant 1$；$P_2$ 为在地面源端 S_2 处的传播能量；$x_2(t)$ 表示地面源端 S_2 发射的信号，且 $E[|x_2(t)|^2]=1$；$\eta_2(t)$ 为由于非理想硬件引起的损伤噪声，可建模为 $\eta_2(t) \sim \mathcal{CN}(0,(1-k_2)P_2)$；$n_i(t)$ 为第 i 个中继端 R_i 处的高斯白噪声，且 $n_i(t) \sim \mathcal{CN}(0,\delta_i^2)$。

在第二个时隙，第 i 个中继端 R_i 同时将所接收到的信号发送到两个源端 $S_j(j=1, 2)$。特别地，由于本章采用了两种不同的中继转发协议，在后续分析中，将分别给出两种转发协议下卫星源端 S_j 所接收到的信号。

4.2.1 放大转发协议

对于放大转发协议，在第二个时隙，第 i 个中继端 R_i 以可变转发增益 G 将接收到的信号转发出去，由此可得第二个时隙在卫星源端 S_j 的接收信号为

$$y_{ji}(t)=\boldsymbol{w}_i^{\mathrm{H}}\boldsymbol{h}_{ji}(\sqrt{k_3P_{\mathrm{r}}}Gy_{\mathrm{r}}(t)+\eta_3(t))+n_j(t), \quad j\in\{1,2\} \tag{4-2}$$

其中，

$$G=\sqrt{\frac{P_{\mathrm{r}}}{|\mathbf{w}_i^{\mathrm{H}}\boldsymbol{h}_{1i}|^2P_1+|\mathbf{w}_i^{\mathrm{H}}\boldsymbol{h}_{2i}|^2P_2+\delta_i^2}} \tag{4-3}$$

式中：k_3 表示第 i 个中继端 R_i 处的损伤噪声水平；P_{r} 为第 i 个中继端 R_i 的发射功率；$\eta_3(t)$ 为第 i 个中继端 R_i 处的损伤噪声，且 $\eta_3(t) \sim \mathcal{CN}(0,(1-k_3)P_{\mathrm{r}})$；$n_j(t)$ 为在第 j 个源端 S_j 处的高斯白噪声，且 $n_j(t) \sim \mathcal{CN}(0,\delta_j^2)$。

4.2.2 译码转发协议

当中继应用译码转发协议时，第 i 个地面中继端 R_i 只传输有用的信号到卫星源端 S_j 并且消除噪声分量，因此卫星源端 S_j 接收到的信号为

$$y_{ji}(t)=\boldsymbol{w}_i^{\mathrm{H}}\boldsymbol{h}_{ji}(\sqrt{k_3(P_1+P_2)}[x_1(t)+x_2(t)]+\eta_3(t))+n_j(t) \tag{4-4}$$

4.3 性能分析

本节得到了系统在两种转发协议下的端到端信损噪比、系统中断概率和吞吐量的准确闭式表达式以及高信噪比下的渐进表达式（渐进解）。特别地，在星地融合网络中应用机会中继选择策略可以提高系统性能。

4.3.1 端到端信损噪比

在下面的分析中，我们得到了系统在两种转发协议下的端到端信损噪比。

4.3.1.1　放大转发协议下端到端信损噪比

下面以第 i 条传输链路为例，首先得到卫星源端 S_1 从第 i 个中继端 R_i 处接收到的 $y_{1i}(t)$ 的表达式。将式（4-1）和式（4-3）代入式（4-2），$y_{1i}(t)$ 可表示为

$$
\begin{aligned}
y_{1i}(t)= & |\boldsymbol{w}_i^{\mathrm{H}}\boldsymbol{h}_{1i}|^2\sqrt{k_3k_1P_1P_{\mathrm{r}}}Gx_1(t)+|\boldsymbol{w}_i^{\mathrm{H}}\boldsymbol{h}_{1i}|^2\sqrt{k_3P_{\mathrm{r}}}G\eta_1(t)+|\boldsymbol{w}_i^{\mathrm{H}}\boldsymbol{h}_{1i}||\boldsymbol{w}_i^{\mathrm{H}}\boldsymbol{h}_{2i}|\sqrt{k_3k_2P_2P_{\mathrm{r}}}Gx_2(t)\\
& +|\boldsymbol{w}_i^{\mathrm{H}}\boldsymbol{h}_{1i}||\boldsymbol{w}_i^{\mathrm{H}}\boldsymbol{h}_{2i}|\sqrt{k_3P_{\mathrm{r}}}G\eta_2(t)+\boldsymbol{w}_i^{\mathrm{H}}\boldsymbol{h}_{1i}\sqrt{k_3P_{\mathrm{r}}}G\boldsymbol{w}_i^{\mathrm{H}}n_1(t)+\boldsymbol{w}_i^{\mathrm{H}}\boldsymbol{h}_{1i}\eta_3(t)+n_j(t)
\end{aligned} \tag{4-5}
$$

由于卫星源端 S_1 想要从 $y_{1i}(t)$ 提取 $x_2(t)$，并且知道自身传输的信号 $x_1(t)$。所以，可以移除自干扰部分 $|\boldsymbol{w}_i^{\mathrm{H}}\boldsymbol{h}_{1i}|^2\sqrt{k_3k_1P_1P_{\mathrm{r}}}Gx_1(t)$，因此信号剩余部分可表示为

$$
\begin{aligned}
y_{1i}(t)= & |\boldsymbol{w}_i^{\mathrm{H}}\boldsymbol{h}_{1i}|^2\sqrt{k_3P_{\mathrm{r}}}G\eta_1(t)+|\boldsymbol{w}_i^{\mathrm{H}}\boldsymbol{h}_{1i}||\boldsymbol{w}_i^{\mathrm{H}}\boldsymbol{h}_{2i}|\sqrt{k_3k_2P_2P_{\mathrm{r}}}Gx_2(t)\\
& +|\boldsymbol{w}_i^{\mathrm{H}}\boldsymbol{h}_{1i}||\boldsymbol{w}_i^{\mathrm{H}}\boldsymbol{h}_{2i}|\sqrt{k_3P_{\mathrm{r}}}G\eta_2(t)+\boldsymbol{w}_i^{\mathrm{H}}\boldsymbol{h}_{1i}\sqrt{k_3P_{\mathrm{r}}}G\boldsymbol{w}_i^{\mathrm{H}}n_1(t)+\boldsymbol{w}_i^{\mathrm{H}}\boldsymbol{h}_{1i}\eta_3(t)+n_j(t)
\end{aligned} \tag{4-6}
$$

从式（4-6）可得卫星源端 S_1 处的信损噪比为

$$
\gamma_{1i}=\frac{\dfrac{|\boldsymbol{w}_i^{\mathrm{H}}\boldsymbol{h}_{1i}|^2P_1\ |\boldsymbol{w}_i^{\mathrm{H}}\boldsymbol{h}_{2i}|^2P_2}{\delta_i^4}}{\dfrac{|\boldsymbol{w}_i^{\mathrm{H}}\boldsymbol{h}_{1i}|^2P_1\ |\boldsymbol{w}_i^{\mathrm{H}}\boldsymbol{h}_{2i}|^2P_2}{\delta_i^4}A_1+\dfrac{(|\boldsymbol{w}_i^{\mathrm{H}}\boldsymbol{h}_{1i}|^2P_1)^2}{\delta_i^4}B_1+\dfrac{|\boldsymbol{w}_i^{\mathrm{H}}\boldsymbol{h}_{1i}|^2P_1}{\delta_i^2}C_1+\dfrac{|\boldsymbol{w}_i^{\mathrm{H}}\boldsymbol{h}_{2i}|^2P_2}{\delta_i^2}D_1+E} \tag{4-7}
$$

为了得到更好系统性能，最大比合并和最大比发射技术用到第 i 个中继端 R_i 处的接收和发送时隙。当设定 $\lambda_{1i}=|\boldsymbol{h}_{1i}|^2P_1/\delta_i^2$ 和 $\lambda_{2i}=|\boldsymbol{h}_{2i}|^2P_2/\delta_i^2$，在卫星源端 S_1 处的信损噪比可表示为

$$
\gamma_{1i}=\frac{\lambda_{1i}\lambda_{2i}}{\lambda_{1i}\lambda_{2i}A_1+\lambda_{1i}^2B_1+\lambda_{1i}C_1+\lambda_{2i}D_1+E_1} \tag{4-8}
$$

式中：$A_1=(1-k_2k_3)/(k_2k_3)$，$B_1=\delta_1^2(1-k_1k_3)/(\delta_2^2k_2k_3)$，$C_1=(P_1\delta_1^2+P_{\mathrm{r}}\delta_i^2)/(\delta_2^2P_{\mathrm{r}}k_3k_2)$，$D_1=P_1/(P_{\mathrm{r}}k_2k_3)$ 和 $E_1=P_1/(\delta_1^2\delta_i^2k_3k_2P_{\mathrm{r}})$。

同理，地面源端 S_2 处的信损噪比为

$$
\gamma_{2i}=\frac{\lambda_{1i}\lambda_{2i}}{\lambda_{1i}\lambda_{2i}A_2+\lambda_{2i}^2B_2+\lambda_{2i}C_2+\lambda_{1i}D_2+E_2} \tag{4-9}
$$

式中：$A_2=(1-k_1k_3)/(k_1k_3)$，$B_2=\delta_2^2(1-k_2k_3)/(\delta_1^2k_1k_3)$，$C_2=(P_2\delta_2^2+P_{\mathrm{r}}\delta_i^2)/(\delta_1^2P_{\mathrm{r}}k_3k_1)$，$D_2=P_2/(P_{\mathrm{r}}k_1k_3)$，$E_2=P_2/(\delta_2^2\delta_i^2k_3k_2P_{\mathrm{r}})$。

由于系统采用机会中继选择策略，因此对于放大转发协议，最终系统信损噪比可表示为

$$
\gamma_{\mathrm{ae}}=\max_{i\in\{1,\cdots,N\}}\{\min(\gamma_{1i},\gamma_{2i})\} \tag{4-10}
$$

4.3.1.2　译码转发协议下端到端信损噪比

考虑译码转发协议，仍以卫星源端 S_1 为例。如前面所述，最大比合并技术用到第 i 个中继端 R_i 的接收端，回顾式（4-1）和式（4-4），$S_1\rightarrow S_2$ 方向，在第 i 个中继端 R_i 处和卫

星源端 S_1 处的信损噪比可分别表示为

$$\gamma_{r1i}=\frac{|\boldsymbol{h}_{2i}|^2k_2P_2}{|\boldsymbol{h}_{1i}|^2P_1+|\boldsymbol{h}_{2i}|^2P_2(1-k_2)+\delta_i^2}=\frac{\lambda_{2i}}{\lambda_{1i}F_1+\lambda_{2i}L_1+1} \tag{4-11}$$

$$\gamma_{r2i}=\frac{|\boldsymbol{h}_{1i}|^2k_3P_2}{|\boldsymbol{h}_{1i}|^2(P_1+P_2)(1-k_3)+\delta_1^2}=\frac{\lambda_{1i}}{\lambda_{1i}F_2+L_2} \tag{4-12}$$

式中：$F_1=1/k_2$，$L_1=(1-k_2)/k_2$；$F_2=(P_1+P_2)(1-k_3)/(P_2k_3)$，$L_2=P_1\delta_1^2/(k_3P_2\delta_i^2)$。

用相同的方法，$S_2\to S_1$ 方向，在第 i 个中继端 R_i 和地面源端 S_2 处的信损噪比可分别表示为

$$\gamma_{r3i}=\frac{|\boldsymbol{h}_{1i}|^2k_1P_1}{|\boldsymbol{h}_{2i}|^2P_2+|\boldsymbol{h}_{1i}|^2P_1(1-k_1)+\delta_i^2}=\frac{\lambda_{1i}}{\lambda_{2i}F_3+\lambda_{1i}L_3+1} \tag{4-13}$$

$$\gamma_{r4i}=\frac{|\boldsymbol{h}_{2i}|^2k_3P_1}{|\boldsymbol{h}_{2i}|^2(P_1+P_2)(1-k_3)+\delta_2^2}=\frac{\lambda_{2i}}{\lambda_{2i}F_4+L_4} \tag{4-14}$$

式中：$F_3=1/k_1$，$L_3=(1-k_1)/k_1$；$F_4=(P_1+P_2)(1-k_3)/(P_1k_3)$，$L_4=P_2\delta_2^2/(k_3P_1\delta_i^2)$。

由于系统采用译码转发协议，因此，$S_1\to S_2$ 方向和 $S_2\to S_1$ 方向的信损噪比可分别表示为

$$\gamma_{DF1i}=\min(\gamma_{r1i},\gamma_{r2i}) \tag{4-15}$$

$$\gamma_{DF2i}=\min(\gamma_{r3i},\gamma_{r4i}) \tag{4-16}$$

与放大转发协议方法相同，当系统采用机会中继选择策略时，可得译码转发协议下端到端的信损噪比为

$$\gamma_{de}=\max_{i\in\{1,\cdots,N\}}\{\min(\gamma_{DF1i},\gamma_{DF2i})\} \tag{4-17}$$

4.3.2 中断概率

在星地融合网络中，中断概率是一项重要的系统性能评价指标，它定义为系统的即时信损噪比小于某一特定阈值 γ_0 的概率。在得到系统中断概率准确表达式前，要先获得 λ_{1i} 和 λ_{2i} 的概率密度函数。

根据文献［29］，λ_{1i} 的概率密度函数可表示为

$$f_{\lambda_{1i}}(\lambda_{1i})=\sum_{\xi_1=0}^{m_1-1}\cdots\sum_{\xi_M=0}^{m_1-1}\Xi(M)\lambda_{1i}^{\Lambda_{1i}-1}\mathrm{e}^{-\Delta_{1i}\lambda_{1i}} \tag{4-18}$$

式中，$\Xi(M)\triangleq\prod_{\tau=1}^{M}\vartheta(\xi_\tau)\alpha_{1i}^{M}\prod_{\upsilon=1}^{M-1}B\left(\sum_{l=1}^{\upsilon}\xi_1+\upsilon,\ \xi_{\upsilon+1}+1\right)$，$\vartheta(\xi_\tau)=(1-m_\tau)_{\xi_\tau}(-\delta_\tau)^{\xi_\tau}/[(\xi_\tau!)^2(\bar{\lambda}_{1i})^{\xi_\tau+1}]$，$B(.,.)$ 为 Beta 函数，$\bar{\lambda}_{1i}$ 为源端 S_1 到第 i 个中继端 R_i 链路的平均信噪比，$\alpha_{1i}\triangleq[2b_{1i}m_{1i}/(2b_{1i}m_1+\Omega_{1i})]^{m_1}/(2b_{1i})$；$\Lambda_{1i}\triangleq\sum_{\tau=1}^{M}\xi_\tau+M$；$\Delta_{1i}=(\beta_{1i}-\delta_{1i})/\bar{\lambda}_{1i}$，$\beta_1\triangleq1/(2b_{1i})$，$\delta_{1i}\triangleq\Omega_1/[2b_1(2b_{1i}m_1+\Omega_{1i})]$，$\Omega_{1i}$、$2b_{1i}$ 和 $m_1\geqslant0$ 分别为视距链路的平均功率、多径

分量的平均功率和 $0\sim\infty$ 的衰落系数。

根据文献［34］，可得 λ_{2i} 的概率密度函数为

$$f_{\lambda_{2i}}(\lambda_{2i})=\sum_{i=1}^{\rho(A_{2i})}\sum_{j=1}^{\tau_i(A_{2i})}\chi_{i,j}(A_{2i})\frac{\bar{\lambda}_{2i}^{-j}}{(j-1)!}\lambda_{2i}^{j-1}\mathrm{e}^{-\lambda_{2i}/\bar{\lambda}_{2i}} \tag{4-19}$$

式中：$A_{2i}=\mathrm{diag}(\bar{\lambda}_{21},\cdots,\bar{\lambda}_{2i},\cdots,\bar{\lambda}_{2M})$，$\rho(A_{2i})$ 表示矩阵 $\boldsymbol{A}_{2i}$ 的对角元素，按照降序排列，对角矩阵元素可写为 $\bar{\lambda}_{21}>\bar{\lambda}_{22}>\cdots>\bar{\lambda}_{2\langle\rho(\boldsymbol{A}_{2i})\rangle}$；$\tau_i(\boldsymbol{A}_{2i})$ 为 $\bar{\lambda}_{2i}$ 的重根数；$\chi_{i,j}(\boldsymbol{A}_{2i})$ 为矩阵 $\boldsymbol{A}_{2i}$ 的 (i,j) 元素。

4.3.2.1　放大转发协议下的系统中断概率

定理 4.1　放大转发协议下的系统中断概率可表示为

$$P_{\text{out-AF}}(\gamma_0)=[P_{\text{out1}}(\gamma_0)+P_{\text{out2}}(\gamma_0)-P_{\text{out1}}(\gamma_0)P_{\text{out2}}(\gamma_0)]^N \tag{4-20}$$

其中，

$$P_{\text{out1}}(\gamma_0)=\begin{cases}\displaystyle\sum_{\xi_1=0}^{m_1-1}\cdots\sum_{\xi_M=0}^{m_1-1}\frac{\Xi(M)}{\Delta_{1i}^{\Lambda_{1i}}}\gamma\left(\Lambda_{1i},\frac{\Delta_{1i}D_1x_0}{1-A_1x_0}\right)+\sum_{\xi_1=0}^{m_1-1}\cdots\sum_{\xi_M=0}^{m_1-1}\sum_{i=1}^{\rho(A_{2i})}\sum_{j=1}^{\tau_i(A_{2i})}\sum_{s=0}^{\Lambda_{1i}-1}\binom{\Lambda_{1i}-1}{s}\frac{\Xi(M)\chi_{i,j}(A_{2i})\bar{\lambda}_{2i}^{-j}}{(j-1)!}\\ \displaystyle\cdot\mathrm{e}^{-\Delta_{1i}X_1}X_1^{\Lambda_{1i}-1-s}(j-1)!\ \bar{\lambda}_{2i}^{j}s!\ \Delta_{1i}^{-s-1}-2\mathrm{e}^{-\frac{J_1}{\bar{\lambda}_{2i}}}\sum_{v=0}^{j-1}\sum_{t=0}^{v}\sum_{m=0}^{v-t}\binom{v}{t}\binom{v-t}{m}\frac{(j-1)!\ \bar{\lambda}_{2i}^{j-v}J_1^tJ_2^{v-t-m}J_3^m}{v!}\\ \displaystyle\cdot\left(\frac{J_3}{\Delta_{1i}\bar{\lambda}_{2i}+J_1}\right)^{\frac{t+s-m+1}{2}}K_{t+s-m+1}\left(2\sqrt{\frac{J_3}{\bar{\lambda}_{2i}}\left(\Delta_{1i}+\frac{J_1}{\bar{\lambda}_{2i}}\right)}\right),\quad\gamma_0<\frac{1}{A_1}\\ 1,\quad\gamma_0\geqslant\frac{1}{A_1}\end{cases} \tag{4-21}$$

$$P_{\text{out2}}(\gamma_0)=\begin{cases}\displaystyle\sum_{i=1}^{\rho(A_{2i})}\sum_{j=1}^{\tau_i(A_{2i})}\frac{\chi_{i,j}(A_{2i})}{(j-1)!}\gamma\left(j,\frac{D_2x_0}{(1-A_2x_0)\bar{\lambda}_{2i}}\right)+\sum_{\xi_1=0}^{m_1-1}\cdots\sum_{\xi_M=0}^{m_1-1}\sum_{i=1}^{\rho(A_{2i})}\sum_{j=1}^{\tau_i(A_{2i})}\frac{\chi_{i,j}(A_{2i})\Xi(M)\bar{\lambda}_{2i}^{-j}}{(j-1)!}\sum_{p=0}^{j-1}\binom{j-1}{p}\\ \displaystyle\cdot X_2^{j-1-p}\mathrm{e}^{-\frac{X_1}{\bar{\lambda}_{2i}}}\left[\frac{(\Lambda_{1i}-1)!}{\Delta_{1i}^{\Lambda_{1i}}}p!\ \bar{\lambda}_{2i}^{p+1}-2\mathrm{e}^{-J_5\Delta_{1i}}\sum_{q=0}^{\Lambda_{1i}-1}\sum_{r=0}^{q}\sum_{w=0}^{q-r}\frac{(\Lambda_{1i}-1)!}{q!\ \Delta_{1i}^{\Lambda_{1i}-q}}\binom{q}{r}\binom{q-r}{w}J_4^rJ_6^wJ_5^{q-r-w}\right.\\ \displaystyle\left.\cdot\left(\frac{1}{J_4\Delta_{1i}+\bar{\lambda}_{2i}}\right)^{\frac{r-w+p+1}{2}}K_{r-w+p+1}\left(2\sqrt{\frac{J_4\Delta_{1i}+\mu_{\langle i\rangle}}{\bar{\lambda}_{2i}^2}}\right)\right],\quad\gamma_0<\frac{1}{A_2}\\ 1,\quad\gamma_0\geqslant\frac{1}{A_2}\end{cases} \tag{4-22}$$

式中：$X_1=D_1\gamma_0/(1-A_1\gamma_0)$，$J_1=B_1\gamma_0/(1-A_1\gamma_0)$，$J_2=(2X_1B_1\gamma_0+C_1\gamma_0)/(1-A_1\gamma_0)$，$J_3=(X_1^2B_1\gamma_0+X_1C_1\gamma_0+E_1\gamma_0)/(1-A_1\gamma_0)$，$J_4=B_2\gamma_0/(1-A_2\gamma_0)$，$J_5=(2X_2B_2\gamma_0+C_2\gamma_0)/(1-A_2\gamma_0)$，$J_6=(X_2^2B_2\gamma_0+X_2C_2\gamma_0+E_2\gamma_0)/(1-A_2\gamma_0)$，$X_2=D_2\gamma_0/(1-A_2\gamma_0)$。

证明：见本章附录 A。

4.3.2.2 译码转发协议下的系统中断概率

定理 4.2 译码转发协议下的系统中断概率可表示为

$$P_{\text{out-DF}}(\gamma_0)=[P_{\text{out-d1}i}(\gamma_0)+P_{\text{out-d2}i}(\gamma_0)-P_{\text{out-d1}i}(\gamma_0)P_{\text{out-d2}i}(\gamma_0)]^N \tag{4-23}$$

其中，

$$\begin{cases}P_{\text{out-d1}i}(\gamma_0)=F_{\text{r1}i}(\gamma_0)+F_{\text{r2}i}(\gamma_0)-F_{\text{r1}i}(\gamma_0)F_{\text{r2}i}(\gamma_0)\\ P_{\text{out-d2}i}(\gamma_0)=F_{\text{r3}i}(\gamma_0)+F_{\text{r4}i}(\gamma_0)-F_{\text{r3}i}(\gamma_0)F_{\text{r4}i}(\gamma_0)\end{cases} \tag{4-24}$$

式中，$F_{\text{r1}i}(\gamma_0)$ 可表示为

$$F_{\text{r1}i}(\gamma_0)=\begin{cases}\sum\limits_{i=1}^{\rho(A_{2i})}\sum\limits_{j=1}^{\tau_i(A_{2i})}\sum\limits_{\xi_1=0}^{m_1-1}\cdots\sum\limits_{\xi_M=0}^{m_1-1}\dfrac{\Xi(M)\chi_{i,j}(A_{2i})\bar{\lambda}_{2i}^{-j}}{(j-1)!}\left[\dfrac{(j-1)!\ \bar{\lambda}_{2i}^{j}(\Lambda_{1i}-1)!}{\Delta_{1i}^{\Lambda_{1i}}}\right.\\ \left.-\mathrm{e}^{-Y_2}\sum\limits_{v=0}^{j-1}\sum\limits_{s=0}^{v}\dbinom{v}{s}\dfrac{(j-1)!\ Y_2^{v-s}Y_1^{s}\bar{\lambda}_{2i}^{j-v}}{v!}(s+\Lambda_{1i}-1)!\ (\Delta_{1i}+Y_1)^{-s-\Lambda_{1i}}\right],\quad \gamma_0<\dfrac{1}{F_1}\\ 1,\quad \gamma_0\geqslant\dfrac{1}{F_1}\end{cases} \tag{4-25}$$

式中，$Y_1=F_1\gamma_0/(1-L_1\gamma_0)$，$Y_2=\gamma_0/(1-L_1\gamma_0)$。

$$F_{\text{r2}i}(\gamma_0)=\begin{cases}\sum\limits_{\xi_1=0}^{m_1-1}\cdots\sum\limits_{\xi_M=0}^{m_1-1}\dfrac{\Xi(M)}{\Delta_{1i}^{\Lambda_{1i}}}\gamma\left(\Lambda_{1i},\dfrac{\Delta_{1i}L_2x_0}{1-F_2x_0}\right),\quad \gamma_0<\dfrac{1}{F_2}\\ 1,\quad \gamma_0\geqslant\dfrac{1}{F_2}\end{cases} \tag{4-26}$$

$$F_{\text{r3}i}(\gamma_0)=\begin{cases}\sum\limits_{\xi_1=0}^{m_1-1}\cdots\sum\limits_{\xi_M=0}^{m_1-1}\sum\limits_{i=1}^{\rho(A_{2i})}\sum\limits_{j=1}^{\tau_i(A_{2i})}\dfrac{\chi_{i,j}(A_{2i})\Xi(M)\bar{\lambda}_{2i}^{-j}}{(j-1)!}\left[\dfrac{(\Lambda_{1i}-1)!\ (j-1)!\ \bar{\lambda}_{2i}^{j}}{\Delta_{1i}^{\Lambda_{1i}}}\right.\\ \left.-\mathrm{e}^{-\Delta_{1i}Y_4}\sum\limits_{s=0}^{\Lambda_{1i}-1}\sum\limits_{t=0}^{s}\dfrac{(\Lambda_{1i}-1)!}{s!}\dbinom{s}{t}\dfrac{Y_4^{t-s}Y_3^{s}(t+j-1)!}{\Delta_{1i}^{\Lambda_{1i}-s}(\Delta_{1i}Y_3+1/\bar{\lambda}_{2i})}\right],\quad \gamma_0<\dfrac{1}{F_3}\\ 1,\quad \gamma_0\geqslant\dfrac{1}{F_3}\end{cases} \tag{4-27}$$

$$F_{\text{r4}i}(\gamma_0)=\begin{cases}\sum\limits_{i=1}^{\rho(A_{2i})}\sum\limits_{j=1}^{\tau_i(A_{2i})}\dfrac{\chi_{i,j}(A_{2i})}{(j-1)!}\gamma\left(j,\dfrac{L_4x_0}{\bar{\lambda}_{2i}(1-F_4x_0)}\right),\quad \gamma_0<\dfrac{1}{F_4}\\ 1,\quad \gamma_0\geqslant\dfrac{1}{F_4}\end{cases} \tag{4-28}$$

式 (4-27) 中，$Y_3=F_3\gamma_0/(1-L_3\gamma_0)$，$Y_4=\gamma_0/(1-L_3\gamma_0)$。

证明：见本章附录 B。

4.3.3　高信噪比下的系统中断概率渐进分析

为分析损伤噪声和中继数目在高信噪比时对系统中断性能的影响，本节得到了两种转发协议下系统中断概率的渐进解。假设 $P_1=P_2=\mu P_r$（$\mu>0$），$P_1\to\infty$。

定理 4.3　系统在两种协议下的系统渐进解可表示为

$$P_{\text{out-AF}}^{\infty}(\gamma_0)=[P_{\text{out1}}^{\infty}(\gamma_0)+P_{\text{out2}}^{\infty}(\gamma_0)-P_{\text{out1}}^{\infty}(\gamma_0)P_{\text{out2}}^{\infty}(\gamma_0)]^N \tag{4-29}$$

$$P_{\text{out-DF}}^{\infty}(\gamma_0)=[P_{\text{out-d1}i}^{\infty}(\gamma_0)+P_{\text{out-d2}i}^{\infty}(\gamma_0)-P_{\text{out-d1}i}^{\infty}(\gamma_0)P_{\text{out-d2}i}^{\infty}(\gamma_0)]^N \tag{4-30}$$

其中，

$$\begin{cases}P_{\text{out-d1}i}^{\infty}(\gamma_0)=F_{r1i}^{\infty}(\gamma_0)+F_{r2i}^{\infty}(\gamma_0)-F_{r1i}^{\infty}(\gamma_0)F_{r2i}^{\infty}(\gamma_0)\\P_{\text{out-d2}i}^{\infty}(\gamma_0)=F_{r3i}^{\infty}(\gamma_0)+F_{r4i}^{\infty}(\gamma_0)-F_{r3i}^{\infty}(\gamma_0)F_{r4i}^{\infty}(\gamma_0)\end{cases} \tag{4-31}$$

证明：见本章附录 C。

4.3.4　吞吐量

系统吞吐量是另外一个评价系统性能的重要指标，特别是对于地面源端 S_2。根据文献[41]，两个时隙的双向中继系统的吞吐量可表示为

$$T=\frac{R_s}{2}\cdot[1-P_{\text{out-r}}(\gamma_0)],\quad r\in\{AF,DF\} \tag{4-32}$$

式中，R_s 为预设的系统传输速率。

将式（4-20）、式（4-23）、式（4-29）和式（4-30）代入式（4-32），可得系统吞吐量的准确解和渐进解。

4.4　仿真验证

本节给出了系统的蒙特卡罗仿真，这些仿真验证了理论的正确性，同时也可得出系统关键参数对于系统性能的影响。在下面的仿真中，假设 $P_1=P_2=\mu P_r$、$\delta_1^2=\delta_2^2=\delta_r^2$、$\bar{\lambda}_{1i}=\bar{\lambda}_{2i}=\bar{\gamma}$、$R_s=20\ \text{bit}\cdot\text{s}^{-1}\cdot\text{Hz}^{-1}$ 且 $M=3$；假设在图 4-2～图 4-8 中损伤噪声水平相同，即 $k_1=k_2=k_3=k$。信道参数如表 4-1 所示，仿真软件为 MATLAB。

表 4-1　信道参数设定

衰落种类	m_{1i}	b_{1i}	Ω_{1i}
FHS	1	0.063	0.000 7
AS	5	0.251	0.279
ILS	10	0.158	1.29

图 4-2 和图 4-3 分别给出了放大转发协议和译码转发协议下的系统中断概率。仿真条件为 $N=2$。首先，从这两幅图中可以看出，系统仿真值与理论值十分吻合，证明了所得出理论值的正确性。在高信噪比下，系统的渐进解与仿真值及系统的理论值十分吻合，证明了所得出渐进解的正确性。其次，从图 4-2 和图 4-3 可以看出，在信噪比高到一定值时，损伤噪声下的系统中断概率是定值。另外，从图 4-2 和图 4-3 可以看出，损伤噪声增大会严重恶化系统中断性能。最后，对比图 4-2 和图 4-3 可以看出，当具有相同信噪比时，放大转发协议下的系统中断概率比译码转发协议下的系统中断概率小，显示出了放大转发协议的优势，由此可知，系统中断概率随着信道衰落加剧而变大。

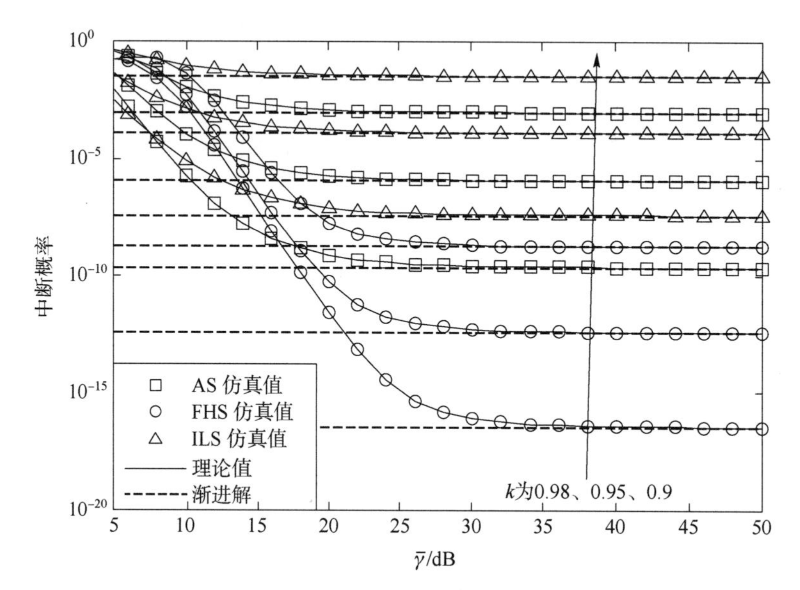

图 4-2　放大转发协议下的系统中断概率

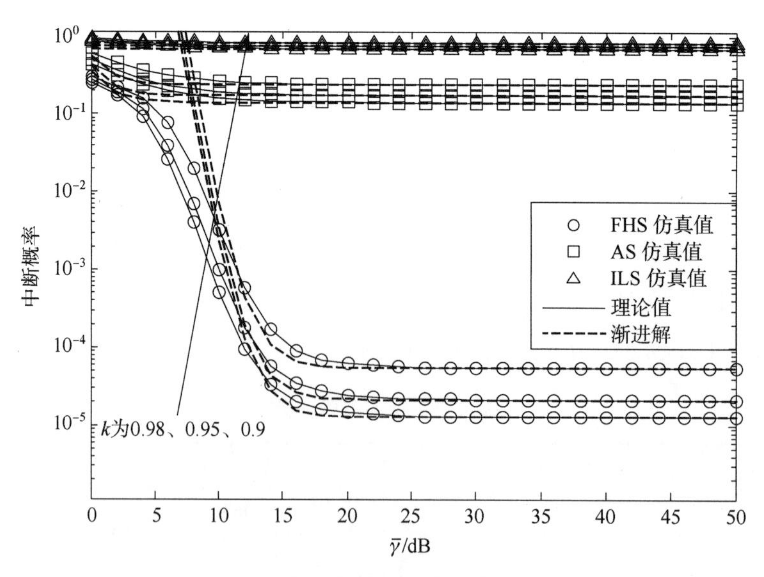

图 4-3　译码转发协议下的系统中断概率

图 4-4 和图 4-5 分别给出了放大转发协议下和译码转发协议下不同中断阈值 γ_0 时的系统中断概率值。仿真条件为：图 4-4 对应信道衰落情况 FHS，图 4-5 对应信道衰落情况 AS，$N=2$。根据不同转发协议，为了仿真曲线可观性，放大转发协议的中断阈值上界设为 30 dB，译码转发协议的中断阈值设为 16 dB。从图 4-4 和图 4-5 可以看出，当系统遭受损伤噪声时，系统中断阈值会有一个界值，此界值已经在式（4-20）和式（4-23）给出。当所设定中断阈值大于此界值时，系统中断概率恒为 1。从图 4-4 和图 4-5 还可以看出，此界值只是损伤噪声的函数。损伤越严重，此界值越小，反之越大。另外，译码转发协议下的界值小于放大转发协议下的界值，这是损伤噪声在不同转发协议下的特征。

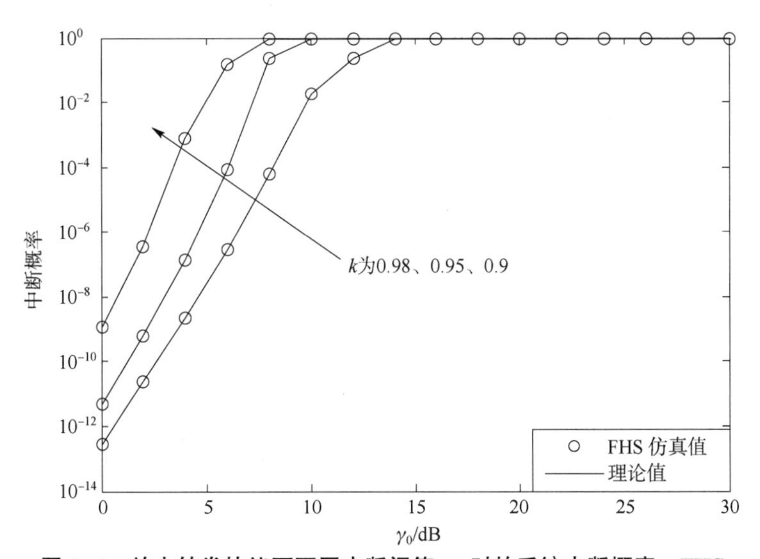

图 4-4　放大转发协议下不同中断阈值 γ_0 时的系统中断概率：FHS

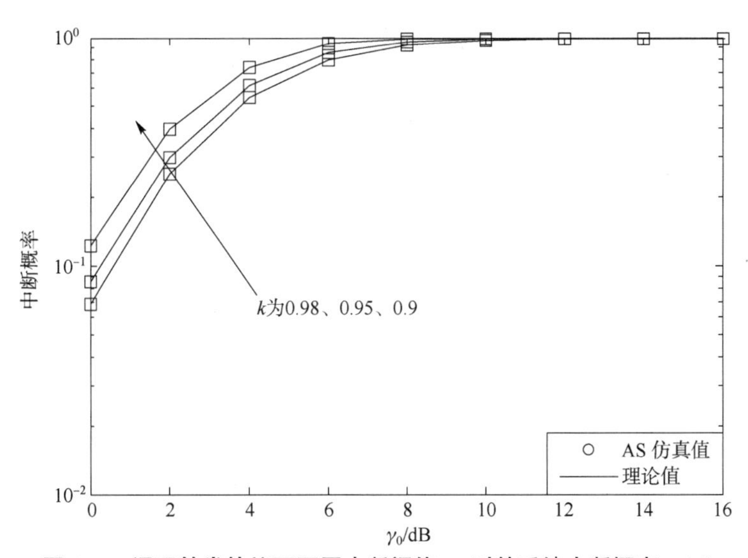

图 4-5　译码转发协议下不同中断阈值 γ_0 时的系统中断概率：AS

图 4-6 给出了不同中继数目下的系统中断概率。仿真条件为：信道衰落为 FHS，损伤水

平 $k=0.9$。从图 4-6 可以看出，系统中断概率随着中继数目增加而变小。同时，可得在相同信噪比条件放大转发协议下的系统中断概率小于译码转发协议下的系统中断概率。进一步可知当系统具有损伤噪声时，在信噪比增加到一定值后，系统中断概率为定值。在该定值之后，系统中断概率与系统信噪比无关，开始出现系统中断概率为定值的信噪比称为上界值，该上界值只与系统的损伤程度有关，与其他参数无关。

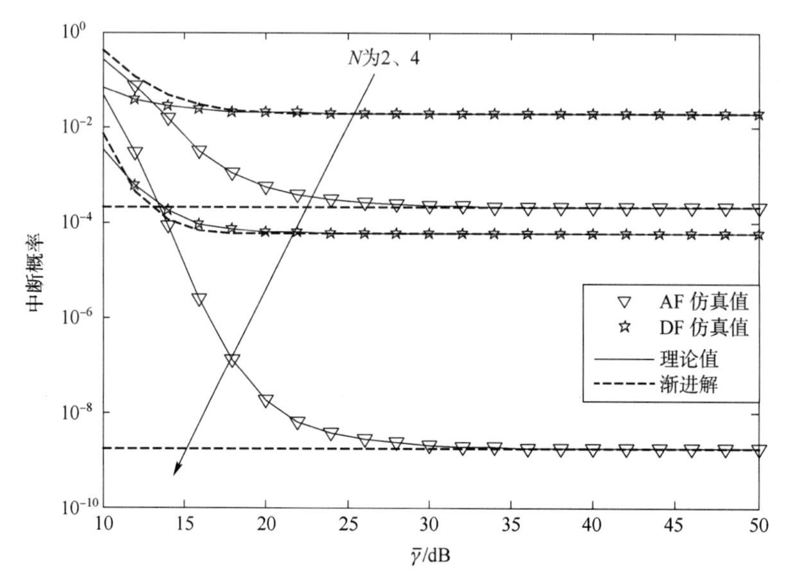

图 4-6　不同中继数目 N 下的中断概率：FHS

图 4-7 和图 4-8 分别给出了放大转发协议下和译码转发协议下的吞吐量。仿真条件为：信道衰落为 AS，$N=2$。从图 4-7 和图 4-8 可以看出，当系统遭受损伤噪声时，系统吞吐量会有一个界值，此界值已经在式（4-32）给出。当信噪比增加到一定值时，系统的吞吐量为定值，此界值只是损伤噪声的函数。损伤越严重，此界值越小，反之越大。

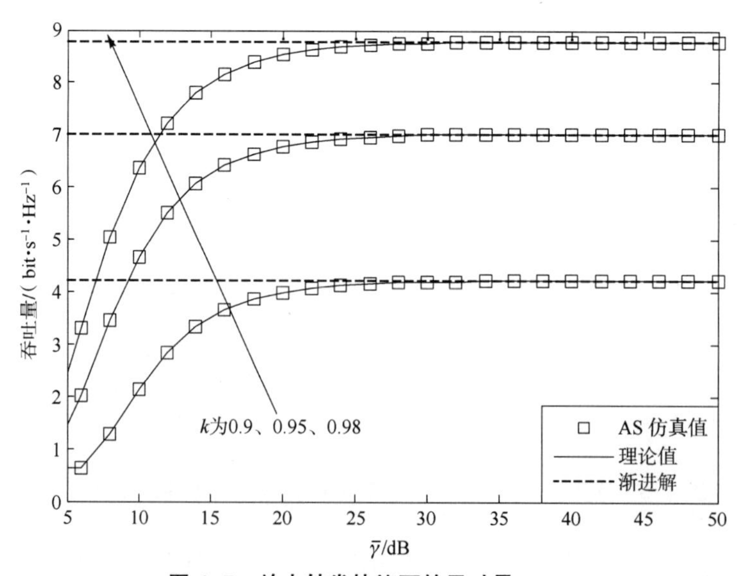

图 4-7　放大转发协议下的吞吐量：AS

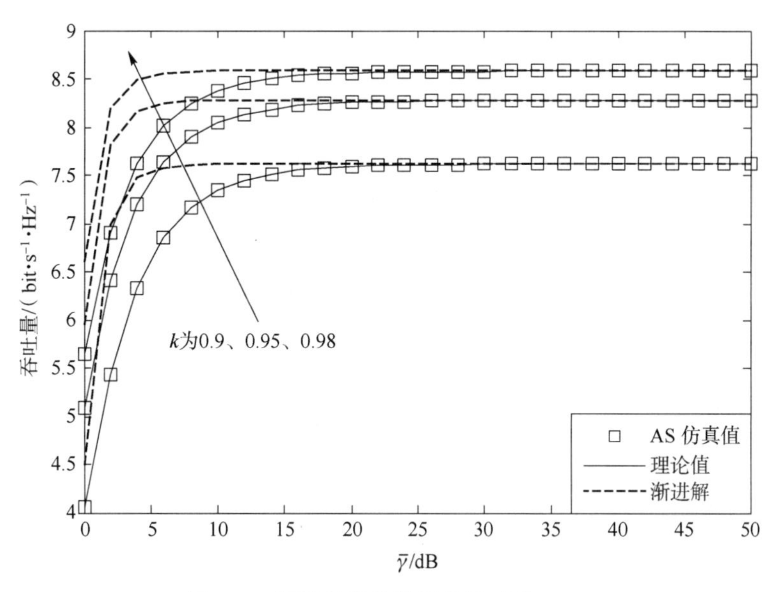

图 4-8　译码转发协议下的吞吐量：AS

图 4-9 给出了不同损伤水平在不同转发协议下的系统中断概率。仿真条件为：信道衰落为 AS，$N=2$。为了便于分析，在图 4-9 中假设 $k_1+k_2+k_3=2.7$。从图 4-9 可以看出，放大转发协议下的系统中断概率小于译码转发协议下的系统中断概率，这与上述仿真分析相同。特别要指出，在放大转发协议下，当系统中每个节点的损伤水平相同时，系统中断概率同比最低。然而，在译码转发协议中，当两个源端具有理想硬件时，系统中断概率同比最低，由此可知不同的转发协议对应不同的损伤分配方法，要根据所对应的转发协议合理地选择选择器件，以达到最佳的效果。

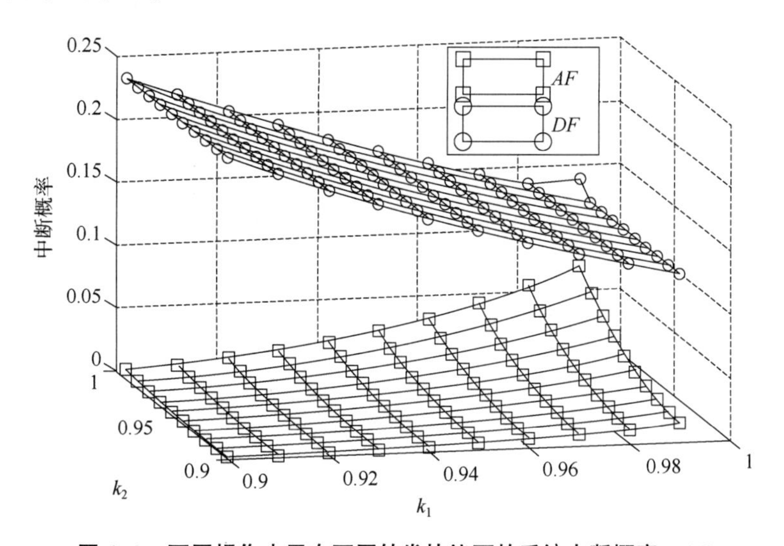

图 4-9　不同损伤水平在不同转发协议下的系统中断概率：AS

4.5 小　　结

本章主要研究了双向多中继星地融合网络的性能，特别地，分析了放大转发和译码转发两种协议下，损伤噪声和机会中继选择策略对于系统性能的影响。首先，本章得到了系统端到端信损噪比表达式。其次，以两种中继转发协议为基础，得到了系统中断概率和吞吐量的准确闭式表达式，通过表达式可快速分析损伤噪声对于系统性能的影响。再次，本章得到了高信噪比下系统中断概率和吞吐量的渐进解，通过渐进解，可得系统遭受损伤噪声时，系统中断概率在高信噪比时有下界，同时吞吐量有上界。系统损伤程度越大，系统中断概率下界值越大，吞吐量上界值越小。通过仿真可知，随着中继端数目的增加，系统有更好的性能。最后，本章分析了不同损伤噪声程度时的系统中断概率，结果显示，想要获得最好的系统性能，系统每个节点的损伤程度要和所对应的转发协议相匹配。

4.6 附　　录

A. 定理 4.1 的证明

借助于式（4-8）和式（4-9），从第 i 个中继端 R_i 到 S_1 和 S_2 的中断概率可表示为

$$P_{\text{out}1}(\gamma_0)=\begin{cases}\int_0^{\frac{D_1\gamma_0}{1-A_1\gamma_0}}\Pr\{\lambda_{2i}(\lambda_{1i}-\lambda_{1i}A_1\gamma_0-D_1\gamma_0)\leqslant\lambda_{1i}^2B_1\gamma_0+\lambda_{1i}C_1\gamma_0+E_1\gamma_0\}f_{\lambda_{1i}}(\lambda_{1i})\mathrm{d}\lambda_{1i}\\+\int_{\frac{D_1\gamma_0}{1-A_1\gamma_0}}^{\infty}\Pr\left(\lambda_{2i}\leqslant\dfrac{\lambda_{1i}^2B_1\gamma_0+\lambda_{1i}C_1\gamma_0+E_1\gamma_0}{\lambda_{1i}-\lambda_{1i}A_1\gamma_0-D_1\gamma_0}\right)f_{\lambda_{1i}}(\lambda_{1i})\mathrm{d}\lambda_{1i},\quad\gamma_0<\dfrac{1}{A_1}\\1,\gamma_0\geqslant\dfrac{1}{A_1}\end{cases}\tag{4-33}$$

$$P_{\text{out}2}(\gamma_0)=\begin{cases}\int_0^{\frac{D_2\gamma_0}{1-A_2\gamma_0}}\Pr\{\lambda_{1i}(\lambda_{2i}-\lambda_{2i}A_{2i}\gamma_0-D_{2i}\gamma_0)\leqslant\lambda_{2i}^2B_2\gamma_0+\lambda_{2i}C_2\gamma_0+E_2\gamma_0\}f_{\lambda_{2i}}(\lambda_{2i})\mathrm{d}\lambda_{2i}\\+\int_{\frac{D_2\gamma_0}{1-A_2\gamma_0}}^{\infty}\Pr\left\{\lambda_{1i}\leqslant\dfrac{\lambda_{2i}^2B_2\gamma_0+\lambda_{2i}C_2\gamma_0+E_2\gamma_0}{\lambda_{2i}-\lambda_{2i}A_{2i}\gamma_0-D_2\gamma_0}\right\}f_{\lambda_{2i}}(\lambda_{2i})\mathrm{d}\lambda_{2i},\quad\gamma_0<\dfrac{1}{A_2}\\1,\quad\gamma_0\geqslant\dfrac{1}{A_2}\end{cases}\tag{4-34}$$

将式（4-18）和式（4-19）代入式（4-33）和式（4-34），并且经过必要的数学简化，将式（4-33）和式（3-34）改写为式（4-21）和式（4-22）。

根据文献［102］，放大转发协议下第 i 个中继链路的中断概率为

$$P_{\text{out-AF}i}(\gamma_0)=P_{\text{out}1}(\gamma_0)+P_{\text{out}2}(\gamma_0)-P_{\text{out}1}(\gamma_0)P_{\text{out}2}(\gamma_0)\tag{4-35}$$

由于系统采用的机会中继选择策略，则

$$P_{\text{out-AF}}(\gamma_0)=[P_{\text{out-AF}i}(\gamma_0)]^N \tag{4-36}$$

将式（4-21）和式（4-22）代入式（4-35），将所得结果代入式（4-36），此定理得证。

B. 定理 4.2 的证明

从式（4-11）可得 γ_{r1i} 的累积分布函数为

$$F_{r1i}(\gamma_0)=\int_0^{\infty}\Pr\left(\lambda_{2i}\leqslant\frac{\lambda_{1i}F_1\gamma_0+H_1\gamma_0}{1-L_1\gamma_0}\right)f_{\lambda_{1i}}(\lambda_{1i})\mathrm{d}\lambda_{1i} \tag{4-37}$$

将式（4-18）和式（4-19）代入式（4-37），并经过数学推导可得式（4-25），同理可得式（4-26）。

从式（4-13）可得 γ_{r3i} 的累积分布函数为

$$F_{r3i}(\gamma_0)=\int_0^{\infty}\Pr\left(\lambda_{1i}\leqslant\frac{\lambda_{2i}F_3\gamma_0+H_3\gamma_0}{1-L_3\gamma_0}\right)f_{\lambda_{2i}}(\lambda_{2i})\mathrm{d}\lambda_{2i} \tag{4-38}$$

将式（4-18）和式（4-19）代入式（4-38），并经过数学推导可得式（4-27），同理可得式（4-28）。

将式（4-25）、式（4-26）、式（4-27）和式（4-28）代入式（4-24），可得第 i 条链路两个源端处的中断概率。

借助于式（4-24）与文献［102］，可得译码转发协议下第 i 条链路的系统中断概率为

$$P_{\text{out-DF}i}(\gamma_0)=P_{\text{out-d1}i}(\gamma_0)+P_{\text{out-d2}i}(\gamma_0)-P_{\text{out-d1}i}(\gamma_0)P_{\text{out-d2}i}(\gamma_0) \tag{4-39}$$

由于系统采用机会中继选择策略，则

$$P_{\text{out-DF}}(\gamma_0)=[P_{\text{out-DF}i}(\gamma_0)]^N \tag{4-40}$$

此定理得证。

C. 定理 4.3 的证明

对于放大转发协议，由式（4-8）和式（4-9）可得其在高信噪比下的表达式为

$$\gamma_{1i}^{\infty}=\frac{\lambda_{2i}}{\lambda_{2i}A_1+\lambda_{1i}B_1} \tag{4-41}$$

$$\gamma_{2i}^{\infty}=\frac{\lambda_{1i}}{\lambda_{1i}A_2+\lambda_{2i}B_2} \tag{4-42}$$

因此借助于式（4-18）和式（4-19），并类比于定理 4.2，可得放大转发协议下两个源端系统中断概率的渐进解分别为

$$P_{\text{out1}}^{\infty}(\gamma_0)=\sum_{\xi_1=0}^{m_1-1}\cdots\sum_{\xi_M=0}^{m_1-1}\Xi(M)\Bigg[(\Lambda_{1i}-1)!\ \Delta_{1i}^{-\Lambda_{1i}}-\sum_{i=1}^{\rho(A_{2i})}\sum_{j=1}^{\tau_i(A_{2i})}\sum_{v=0}^{j-1}\frac{\chi_{i,j}(A_{2i})}{(j-1)!\ \bar{\lambda}_{2i}^{v}}\frac{(B_1\gamma_0)^v(1-A_1\gamma_0)^{\Lambda_{1i}}(\Lambda_{1i}-1+v)!}{((1-A_1\gamma_0)\Delta_{1i}+B_1\gamma_0)^{\Lambda_{1i}+v}}\Bigg] \tag{4-43}$$

$$P_{\text{out2}}^{\infty}(\gamma_0)=\sum_{i=1}^{\rho(A_{2i})}\sum_{j=1}^{\tau_i(A_{2i})}\frac{\chi_{i,j}(A_{2i})\bar{\lambda}_{2i}^{-j}}{(j-1)!}\left[(j-1)!\ \bar{\lambda}_{2i}^{j}-\right.$$

$$\left.\sum_{\xi_1=0}^{m_1-1}\cdots\sum_{\xi_M=0}^{m_1-1}\sum_{s=0}^{\Lambda_{1i}-1}\frac{\Xi(M)(\Lambda_{1i}-1)!\ (B_2\gamma_0)^s(1-A_2\gamma_0)^j\bar{\lambda}_{2i}^{s+j}(j-1+s)!}{s!\ \Delta_{1i}^{\Lambda_{1i}-s}(1-A_2\gamma_0+\bar{\lambda}_{2i}\Delta_{1i}B_2\gamma_0)^{s+j}}\right] \tag{4-44}$$

将式（4-43）和式（4-44）代入式（4-29），可得系统中断概率在放大转发协议下的渐进解。

对于译码转发协议，从式（4-11）、式（4-12）、式（4-13）和式（4-14）可得其在高信噪比下的表达式分别为

$$\gamma_{\text{r}1i}^{\infty}=\frac{\lambda_{2i}}{\lambda_{1i}F_1+\lambda_{2i}L_1} \tag{4-45}$$

$$\gamma_{\text{r}2i}^{\infty}=\frac{1}{F_2} \tag{4-46}$$

$$\gamma_{\text{r}3i}^{\infty}=\frac{\lambda_{1i}}{\lambda_{2i}F_3+\lambda_{1i}L_3} \tag{4-47}$$

$$\gamma_{\text{r}4i}^{\infty}=\frac{1}{F_4} \tag{4-48}$$

借助于式（4-18）、式（4-19）、式（4-45）和式（4-47），类比于求解式（4-43）和式（4-44）的方法，可得$\gamma_{\text{r}1i}^{\infty}$和$\gamma_{\text{r}3i}^{\infty}$的累积分布函数为

$$F_{\text{r}1i}^{\infty}(\gamma_0)=\sum_{\xi_1=0}^{m_1-1}\cdots\sum_{\xi_M=0}^{m_1-1}\Xi(M)\left[(\Lambda_{1i}-1)!\ \Delta_{1i}^{-\Lambda_{1i}}-\right.$$

$$\left.\sum_{i=1}^{\rho(A_{2i})}\sum_{j=1}^{\tau_i(A_{2i})}\sum_{v=0}^{j-1}\frac{\chi_{i,j}(A_{2i})}{(j-1)!\ \bar{\lambda}_{2i}^{v}}\frac{(F_1\gamma_0)^v\ (1-L_1\gamma_0)^{\Lambda_{1i}}(\Lambda_{1i}-1+v)!}{((1-L_1\gamma_0)\Delta_{1i}+F_1\gamma_0)^{\Lambda_{1i}+v}}\right] \tag{4-49}$$

$$F_{\text{r}3i}^{\infty}(\gamma_0)=\sum_{i=1}^{\rho(A_{2i})}\sum_{j=1}^{\tau_i(A_{2i})}\frac{\chi_{i,j}(A_{2i})\bar{\lambda}_{2i}^{-j}}{(j-1)!}\left[(j-1)!\ \bar{\lambda}_{2i}^{j}-\right.$$

$$\left.\sum_{\xi_1=0}^{m_1-1}\cdots\sum_{\xi_M=0}^{m_1-1}\sum_{s=0}^{\Lambda_{1i}-1}\frac{\Xi(M)(\Lambda_{1i}-1)!\ (F_3\gamma_0)^s(1-L_3\gamma_0)^j\bar{\lambda}_{2i}^{s+j}(j-1+s)!}{s!\ \Delta_{1i}^{\Lambda_{1i}-s}(1-L_3\gamma_0+\bar{\lambda}_{2i}\Delta_{1i}F_3\gamma_0)^{s+j}}\right] \tag{4-50}$$

从式（4-46）和式（4-48）可知，用以上方法不能得到$\gamma_{\text{r}2i}^{\infty}$和$\gamma_{\text{r}4i}^{\infty}$的累积分布函数。因此转换思路，利用$\lambda_{1i}$和$\lambda_{2i}$在高信噪比下的近似概率密度函数来解决此类问题。

λ_{1i}和λ_{2i}的概率密度函数在高信噪比时可表示为

$$f_{\lambda_{1i}}(\lambda_{1i})=\frac{\alpha_{1i}^{M}}{\bar{\lambda}_{1i}^{M}(M-1)!}\lambda_{1i}^{M-1}+O[\lambda_{1i}^{M-1}] \tag{4-51}$$

$$f_{\lambda_{2i}}(\lambda_{2i})=\frac{\bar{\lambda}_{2i}^{-M}}{(M-1)!}\lambda_{2i}^{M-1}+O[\lambda_{2i}^{M-1}] \tag{4-52}$$

式中，$O[\cdot]$ 表示高阶无穷小。

然后，借助于式（4-12）、式（4-14）、式（4-51）和式（4-52），γ_{r2i}^{∞}和 γ_{r4i}^{∞}的累积分布函数可表示为

$$F_{r2i}^{\infty}(\gamma_0)=\frac{\alpha_{1i}^{M}}{\bar{\lambda}_{1i}^{M}(M)!}\left(\frac{L_2\gamma_0}{1-F_2\gamma_0}\right)^{M} \tag{4-53}$$

$$F_{r4i}^{\infty}(\gamma_0)=\frac{\bar{\lambda}_{2i}^{-M}}{(M)!}\left(\frac{L_4\gamma_0}{1-F_4\gamma_0}\right)^{M} \tag{4-54}$$

最后，类似于定理 4.2，可得第 i 条链路的两个源端处的中断概率渐进表达式为式（4-31）。

由此可得第 i 条链路系统中断概率的渐进解为

$$P_{\text{out-DF}i}^{\infty}(\gamma_0)=P_{\text{out-d1}i}^{\infty}(\gamma_0)+P_{\text{out-d2}i}^{\infty}(\gamma_0)-P_{\text{out-d1}i}^{\infty}(\gamma_0)P_{\text{out-d2}i}^{\infty}(\gamma_0) \tag{4-55}$$

由于系统采用机会中继选择策略，则

$$P_{\text{out-DF}}^{\infty}(\gamma_0)=[P_{\text{out-DF}i}^{\infty}(\gamma_0)]^{N} \tag{4-56}$$

将式（4-49）、式（4-50）、式（4-53）和式（4-54）分别代入式（4-31），将所得结果代入式（4-55），再将其结果代入式（4-56），可得系统中断概率在译码转发协议下的渐进解，此定理得证。

第 5 章

基于认知中继的星地融合网络协作传输策略与分析

5.1 引　　言

随着通信带宽需求的不断增高和 L、S 波段频谱资源的紧张，现通信频率逐渐向着高频的 Ku、Ka 频段发展。除了向高频段扩展外，另外的重要举措之一是不断提高频谱利用率。第 4 章主要研究了星地融合网络中双向中继问题，采用双向中继技术是为了提高频谱利用率，在实际通信系统中另一个提高频谱利用率的技术是认知无线电技术。这项技术是在无线通信中解决频谱管理的一项重要手段，其可以让网络中主用户和次级用户利用相同的频率资源，次级用户可以共享主用户的频率资源而不破坏主用户的通信质量。星地融合网络中认知无线电的框架在学术界和工业界广泛提出。文献 [70] 研究了认知星地融合网络中的主要应用场景。文献 [73] 提供了一个数学的近似方法来提高认知星地融合网络中的频谱利用率以最大化中断概率。文献 [82] 通过优化加性噪声和合作波束成形使认知星地融合网络中发射功率最小化。文献 [83] 在满足一定的中断概率的限制条件下，通过优化波束成形矢量使认知星地融合网络中发射功率最小。文献 [150] 探索了星地融合网络上行链路频谱利用率最大化的可能性。

如前面所述，无线通信中的节点经常会遭受相位噪声、高功率放大非线性和 I/Q 支路不均衡等因素的影响。目前的信号处理手段不足以完全消除这些影响，会残余一些噪声分量，称为剩余损伤噪声，简称为损伤噪声，导致计划传输的信号和实际传输的信号不匹配。文献 [143] 研究了损伤噪声对于以卫星为中继的双跳卫星通信系统的影响。文献 [148] 分析了同频干扰和损伤噪声在星地融合网络中的联合影响。文献 [149] 研究了损伤噪声对认知星地融合网络的独立影响。

然而，上面所介绍的文献都假设信道状态信息是理想的，在实际通信系统中，由于高延时和快速衰落等不利因素，得到理想信道状态信息对于卫星链路是非常困难的。信道状态估计是一种获得信道状态信息的方法，常被用来获取相对准确的信道状态信息，而估计不可能是完美的，估计误差常存在于卫星估计链路中。同样，在地面的通信链路中，由于快速的信道时变性，在实际中获得完美的状态信息也是非常困难的。目前，信道估计误差在认知星地融合网络中已经有所研究。文献［57］研究了卫星链路和地面链路的非理想信道状态信息对于功率控制策略的影响。文献［71］研究了在非理想信道状态信息下的认知星地融合网络中主用户的安全性能。然而，已有研究成果中还没有同时研究损伤噪声和信道状态估计误差对认知星地融合网络的影响。

本章主要关注损伤噪声和信道估计误差对于认知星地融合网络的影响，其中主用户和次级用户共享频谱资源。

5.2　系统模型和问题建模

5.2.1　系统模型

如图 5-1 所示，本章研究的系统模型为认知星地融合网络，其包含了一个卫星源端 S、一个地面次级用户目的端 D、一个地面中继端 R 和 M 个地面的主用户 PU。假设系统模型中的所有节点都配置单天线。假设由于云、雨、雾霾或强衰落的影响，卫星源端 S 和目的端 D 之间无直传链路，源端 S 和目的端 D 只能通过地面中继端 R 进行传输。

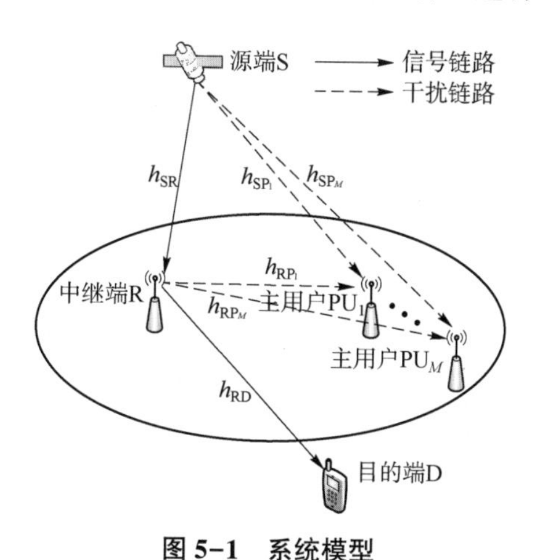

图 5-1　系统模型

假设地面中继端 R 以半双工译码转发模式工作，由此从源端 S 到目的端 D 传输需要两个时隙。在第一个时隙，源端 S 将信号 $s(t)$ 以 $E[|s(t)|^2]=1$ 传输到地面中继端 R，因此可得中继端 R 处接收的信号为

$$y_R(t)=h_{SR}[\sqrt{P_S}s(t)+\eta_1(t)]+n_R(t) \tag{5-1}$$

式中：h_{SR} 为源端 S 到中继端 R 的信道衰落分量，并服从阴影莱斯分布；P_S 为源端 S 的发射

功率；$\eta_1(t)$ 为源端 S 处的损伤噪声分量，可表示为 $\eta_1(t)\sim\mathcal{CN}(0,k_1^2P_S)$，$\mathcal{CN}(0,k_1^2P_S)$ 为复高斯随机变量，均值为 0，方差为 $k_1^2P_S$；k_1 为损伤噪声大小分量；$n_R(t)$ 为中继端 R 处的高斯白噪声，可表示为 $\eta_R(t)\sim\mathcal{CN}(0,\delta_R^2)$。

在传输第二个时隙，中继端 R 将接收到的信号通过译码转发协议转发到目的端 D，由此可得在目的端 D 处的信号为

$$y_D(t)=h_{RD}[\sqrt{P_R}s(t)+\eta_2(t)]+n_D(t) \tag{5-2}$$

式中：h_{RD}为中继端 R 到目的端 D 处服从 Rayleigh 衰落的信道衰落分量；P_R 为中继端 R 处的传输能量；$\eta_2(t)$ 为中继端 R 处的损伤噪声且有 $\eta_2(t)\sim\mathcal{CN}(0,k_2^2P_R)$，$k_2$ 表示损伤噪声的大小分量；$n_D(t)$ 为目的端 D 处的高斯白噪声分量，且 $n_D\sim\mathcal{CN}(0,\delta_D^2)$。

5.2.2 问题建模

如引言所述，卫星链路和地面链路的信道状态信息是非理想的。因此，其信道增益需要提前估计，根据文献［57，71］，信道衰落变量可表示为

$$h_X=\tilde{h}_X+e_{h_X},X\in\{SR,RD,SP,RP\} \tag{5-3}$$

式中：SR 和 SP 分别表示源端 S 到中继端 R 和主用户 PU 的链路；RD 和 RP 分别表示中继端 R 到目的端 D 和主用户 PU 的链路；h_X 和$\tilde{h}_X$ 分别为实际的信道衰落分量和估计的信道衰落分量，h_X 和$\tilde{h}_X$ 具有综合遍历性；e_{h_X}为信道估计误差，并正交于信道的估计分量，可建模为零均值的复高斯分量，其方差可表示为

$$\bar{Y}_{e_{h_X}}=E\{|h_X|^2\}-E\{|\tilde{h}_X|^2\}=\frac{1}{T_X\bar{Y}_X+1} \tag{5-4}$$

式中：T_X 为训练序列的长度；$\bar{Y}_X=E\{Y_X\}=P_XE\{|h_X|^2\}/N_X$ 为遭受损伤噪声后的训练信号的平均信噪比，$P_X=(1-\delta)P_{\text{total}}$，$\delta\in(0,1)$，$P_X$ 为导频信号的功率，P_{total}为总发射功率，N_X 为传输链路的高斯白噪声。

由于导频信号和估计信号同样受到损伤噪声影响，因此$\bar{Y}_X$ 可表示为

$$\bar{Y}_X=\frac{\bar{Y}_{idX}}{\bar{Y}_{idX}k_X^2+1} \tag{5-5}$$

式中：$\bar{Y}_{idX}$为理想硬件条件下的训练信号的平均信噪比；k_X 表示训练信号的损伤噪声水平。

将式（5-5）代入式（5-4），可得

$$\bar{Y}_{e_{h_X}}=\frac{\bar{Y}_{idX}k_X^2+1}{(T_X+k_X^2)\bar{Y}_{idX}+1} \tag{5-6}$$

式中，$\bar{Y}_{e_{h_X}}$是指在最小均方误差（MMSE）准则下信道估计的平均信噪比。

存在损伤噪声和信道估计误差的认知星地融合网络中，为了限制主卫星用户的功率在特定的 Q 值以下，在源端 S 和中继端 R 处有如下限制，即

$$E\left\{\sum_{i=1}^{M} |h_{\mathrm{SP}_i}(s(t)+\eta_{\mathrm{SP}_i(t)})|^2\right\} \leqslant Q \tag{5-7a}$$

$$E\left\{\sum_{i=1}^{M} |h_{\mathrm{RP}_i}(s(t)+\eta_{\mathrm{RP}_i(t)})|^2\right\} \leqslant Q \tag{5-7b}$$

式中：$\eta_{\mathrm{SP}_i}(t)\sim\mathcal{CN}(0,k_{\mathrm{SP}_i}^2P_{\mathrm{S}})$且$\eta_{\mathrm{RP}_i}(t)\sim\mathcal{CN}(0,k_{\mathrm{RP}_i}^2P_{\mathrm{R}})$为在源端 S 和中继端 R 处主卫星用户方向的损伤噪声分量，k_{SP_i}、k_{RP_i}为主卫星用户处的损伤噪声水平。

将式（5-3）代入式（5-7），可得

$$E\left\{\sum_{i=1}^{M} |(\tilde{h}_{\mathrm{SP}_i}+e_{h_{\mathrm{SP}_i}})(s(t)+\eta_{\mathrm{SP}_i(t)})|^2\right\} \leqslant Q \tag{5-8a}$$

$$E\left\{\sum_{i=1}^{M} |(\tilde{h}_{\mathrm{RP}_i}+e_{h_{\mathrm{RP}_i}})(s(t)+\eta_{\mathrm{RP}_i(t)})|^2\right\} \leqslant Q \tag{5-8b}$$

则

$$P_{\mathrm{S}}=\frac{Q}{\sum_{i=1}^{M}|(\tilde{h}_{\mathrm{SP}_i}+\bar{Y}_{e_{h_{\mathrm{SP}_i}}})(1+k_{\mathrm{SP}_i}^2)|^2} \tag{5-9}$$

$$P_{\mathrm{R}}=\frac{Q}{\sum_{i=1}^{M}|(\tilde{h}_{\mathrm{RP}_i}+\bar{Y}_{e_{h_{\mathrm{RP}_i}}})(1+k_{\mathrm{RP}_i}^2)|^2} \tag{5-10}$$

假设源端 S 和中继端 R 的最大功率足够大，可达到干扰功率的限制。

说明 1：本章中假设所有的主卫星用户都是在同一个卫星波束范围内，主卫星用户间相互协作、相互靠近且拥有相同的信道衰落系数和相同的平均功率。这对于地面次级用户是最坏的情况，其限制条件和现有文献相比是最苛刻的。

从式（5-1）和式（5-9），在中继端 R 处的信损差噪比可表示为

$$\gamma_{\mathrm{R}}=\frac{\gamma_{\mathrm{SR}}Q}{\gamma_{\mathrm{SR}}Qk_1^2+\delta_{\mathrm{R}}^2\gamma_{\mathrm{SP}}(1+k_{\mathrm{SP}}^2)\sigma^{-1}+A} \tag{5-11}$$

式中：$A=\sigma Q\bar{Y}_{e_{h_{\mathrm{SR}}}}(1+k_1^2)/\delta_{\mathrm{R}}^2+Q\sum_{i=1}^{M}\bar{Y}_{e_{h_{\mathrm{SP}_i}}}(1+k_{\mathrm{SP}}^2)$；$\gamma_{\mathrm{SR}}=\sigma Q|\tilde{h}_{\mathrm{SR}}|^2/\delta_{\mathrm{R}}^2$；$\gamma_{\mathrm{SP}}=\sigma Q\sum_{i=1}^{M}|\tilde{h}_{\mathrm{SP}_i}|^2/\delta_{\mathrm{R}}^2$，且有$k_{\mathrm{SP}_1}=\cdots=k_{\mathrm{SP}_i}=\cdots=k_{\mathrm{SP}_M}=k_{\mathrm{SP}}$。

同理，目的端 D 处的信损差噪比可表示为

$$\gamma_{\rm D}=\frac{\gamma_{\rm RD}Q}{\gamma_{\rm RD}Qk_2^2+\delta_{\rm D}^2\gamma_{\rm RP}(1+k_{\rm RP}^2)\sigma^{-1}+B} \tag{5-12}$$

式中：$B=\sigma Q\bar{Y}_{e_{h_{\rm RR}}}(1+k_2^2)/\delta_{\rm D}^2+Q\sum_{i=1}^{M}\bar{Y}_{e_{h_{{\rm RP}_i}}}(1+k_{\rm RP}^2)$；$\gamma_{\rm RD}=\sigma Q|\tilde{h}_{\rm RD}|^2/\delta_{\rm D}^2$；$\gamma_{\rm RP}=\sigma Q\sum_{i=1}^{M}|\tilde{h}_{{\rm RP}_i}|^2/\delta_{\rm D}^2$，且有 $k_{{\rm RP}_1}=k_{{\rm RP}_2}=\cdots k_{{\rm RP}_M}=k_{\rm RP}$。

中继端 R 通过译码转发协议将接收到的信号转发给目的端 D，因此系统的信损差噪比可表示为

$$\gamma_{\rm e}=\min(\gamma_{\rm R},\gamma_{\rm D}) \tag{5-13}$$

为了表示简洁，假设

$$h_{\rm SJ}=F_{\rm SJ}g_{\rm SJ},\quad J\in\{R,P_i\} \tag{5-14}$$

式中：$g_{\rm SJ}$为信道衰落分量，服从阴影莱斯分布；$F_{\rm SJ}$为标度参数，包括辐射方向图和自由空间损耗等，可表示为

$$F_{\rm SJ}=\frac{C\sqrt{G_{\rm t,SJ}G_{\rm r,SJ}}}{4\pi fd_{\rm SJ}\sqrt{K_{\rm B}TB}} \tag{5-15}$$

式中：C 为光速；f 为载波频率；$d_{\rm SJ}$为用户到卫星的距离；$K_{\rm B}$ 为玻耳兹曼常数，$K_{\rm B}=1.38\times10^{-23}$ J/K；T 为接收的噪声温度；B 为载波带宽；$G_{\rm r,SJ}$为接收增益；$G_{\rm t,SJ}$为卫星波束增益，可近似的表示为

$$G_{\rm t,SJ}\approx G_{\max}\left(\frac{J_1(u)}{2u}+36\frac{J_3(u)}{u^3}\right)^2 \tag{5-16}$$

式中：$G_{\max}$为最大的波束增益，$u=2.071\,23\sin\varphi/\sin\varphi_{3\,\rm dB}$，$\varphi$ 为相应的地面用户和所对应的卫星之间的夹角，$\varphi_{3\,\rm dB}$为地面用户和卫星波束之间的 3 dB 夹角。

因此 $\gamma_{\rm SR}$和 $\gamma_{{\rm SP}_i}$可改写为

$$\begin{cases}\gamma_{\rm SR}=\dfrac{\delta QF_{\rm SR}^2|g_{\rm SR}|^2}{\delta_{\rm R}^2}\triangleq\bar{\gamma}_{\rm SR}|g_{\rm SR}|^2\\[2ex]\gamma_{{\rm SP}_i}=\dfrac{\delta QF_{{\rm SP}_i}^2|g_{{\rm SP}_i}|^2}{\delta_{\rm R}^2}\triangleq\bar{\gamma}_{{\rm SP}_i}|g_{{\rm SP}_i}|^2\end{cases} \tag{5-17}$$

式中：$\bar{\gamma}_{\rm SR}=\delta QF_{\rm SR}^2/\delta_{\rm R}^2$ 为源端 S 到中继端 R 链路的平均信噪比，$\bar{\gamma}_{{\rm SP}_i}=\delta QF_{{\rm SP}_i}^2/\delta_{\rm R}^2$ 为源端 S 到第 i 个主卫星用户 PU 链路的平均信噪比。

说明 2：本章提供了一般的认知星地融合网络模型，其中包含了多个主卫星用户，同时考虑信道估计误差和损伤噪声的影响。在链路方面考虑链路损耗、信道衰落和卫星波束方向图等实际问题。特别地，本章研究的模型是文献［72］的扩展，当系统中只有一个主卫星用户，并且拥有理想硬件和完美的信道状态信息时，本章研究的模型将退化到文献［72］

的模型。本章模型同样是文献［57，71］的扩展，文献［57，71］分别只考虑损伤噪声和信道估计误差对于认知星地融合网络的影响。

5.3　性能分析

系统中断概率和吞吐量将在本节给出。

5.3.1　中断概率

在分析系统性能之前，先给出传输链路的一些特性。假设 $U=\{SR,SP\}$，由于本章考虑次级用户最坏的情况，则对应的 γ_{SP} 的概率密度函数为

$$f_{\gamma_{\mathrm{SP}}}(x)=\sum_{\xi_1=0}^{m_{\mathrm{SP}}-1}\cdots\sum_{\xi_{\mathrm{M}}=0}^{m_{\mathrm{SP}}-1}\Xi(M)x^{\Lambda_{\mathrm{SP}}-1}\mathrm{e}^{-\Delta_{\mathrm{SP}}x} \tag{5-18}$$

式中：$\Xi(M)\triangleq\prod_{\tau=1}^{M}\zeta(\xi_\tau)\alpha_{\mathrm{SP}}^{M}\prod_{\upsilon=1}^{M-1}B\left(\sum_{l=1}^{\upsilon}\xi_l+\upsilon,\ \xi_{\upsilon+1}+1\right)$，$\zeta(\xi_\tau)=(1-m_{\mathrm{SP}})_{\xi_\tau}(-\delta_{\mathrm{SP}})^{\xi_\tau}/[(\xi_\tau!)^2(\bar{\gamma}_{\mathrm{SP}})^{\xi_\tau+1}]$，$\alpha_{\mathrm{SP}}\triangleq[2b_{\mathrm{SP}}m_{\mathrm{SP}}/(2b_{\mathrm{SP}}m_{\mathrm{SP}}+\Omega_{\mathrm{SP}})]^{m_{\mathrm{SP}}}/(2b_{\mathrm{SP}})$，$\delta_{\mathrm{SP}}\triangleq\Omega_{\mathrm{SP}}/[2b_{\mathrm{SP}}(2b_{\mathrm{SP}}m_{\mathrm{SP}}+\Omega_{\mathrm{SP}})]$，$\Omega_{\mathrm{SP}}$、$2b_{\mathrm{SP}}$ 和 $m_{\mathrm{SP}}\geqslant0$ 分别为视距链路的平均信噪比、多径链路的平均信噪比和衰落因子，其取值范围为 $0\sim\infty$；$\Lambda_{\mathrm{SP}}\triangleq\sum_{\tau=1}^{M}\xi_\tau+M$；$\Delta_{\mathrm{SP}}=(\beta_{\mathrm{SP}}-\delta_{\mathrm{SP}})/\bar{\gamma}_{\mathrm{SP}}$，$\beta_{\mathrm{SP}}\triangleq1/(2b_{\mathrm{SP}})$；$B(.,.)$ 表示 Beta 函数。

通过文献［29］可知，γ_{SR} 的累积分布函数为

$$F_{\gamma_{\mathrm{SR}}}(x)=1-\sum_{t=0}^{m_{\mathrm{SR}}-1}\sum_{s=0}^{t}\frac{\alpha_{\mathrm{SR}}\xi(t)t!\ x^s}{\bar{\gamma}_{\mathrm{SR}}^{t+1}s!\ \Delta_{\mathrm{SR}}^{t-s+1}}\mathrm{e}^{-\Delta_{\mathrm{SR}}x} \tag{5-19}$$

式中：$\xi(t)=(-1)^t(1-m_{\mathrm{SR}})_t\delta_{\mathrm{SR}}^t/(t!)^2$。

由于本章考虑了地面次级用户的最坏情况，根据文献［29］可知，γ_{RP} 的概率密度函数和 γ_{RD} 的累积分布函数分别为

$$f_{\gamma_{\mathrm{RP}}}(x)=\sum_{i=1}^{\rho(\boldsymbol{A_{RP}})}\sum_{j=1}^{\tau_i(\boldsymbol{A_{RP}})}\chi_{i,j}(\boldsymbol{A_{RP}})\frac{\bar{\gamma}_{\mathrm{RP}_i}^{-j}}{(j-1)!}x^{j-1}\mathrm{e}^{-x/\bar{\gamma}_{\mathrm{RP}_i}} \tag{5-20}$$

$$F_{\gamma_{\mathrm{RD}}}(x)=1-\mathrm{e}^{-\frac{x}{\bar{\gamma}_{\mathrm{RD}}}} \tag{5-21}$$

式中：$\boldsymbol{A_{RP}}=\mathrm{diag}(\bar{\gamma}_{\mathrm{RP}_1},\cdots,\bar{\gamma}_{\mathrm{RP}_i},\cdots,\bar{\gamma}_{\mathrm{RP}_M})$，$\rho(\boldsymbol{A_{RP}})$ 为矩阵 $\boldsymbol{A_{RP}}$ 的独立对角元素，$\bar{\gamma}_{RP_1}>\bar{\gamma}_{RP_2}>\cdots>\bar{\gamma}_{RP_{\rho(\boldsymbol{A_{RP}})}}$ 为矩阵 $\boldsymbol{A_{RP}}$ 按升序排列的对角元素；$\tau_i(\boldsymbol{A_{RP}})$ 表示矩阵 $\boldsymbol{A_{RP}}$ 的重根数；$\chi_{i,j}(\boldsymbol{A_{RP}})$ 表示矩阵 $\boldsymbol{A_{RP}}$ 的 (i,j) 元素。

根据文献［97］，系统中断概率是评价系统性能的重要指标之一，它定义为系统的信损

差噪比小于特定阈值的概率。

定理 5.1 系统中断概率可表示为

$$P_{\text{out}}(\gamma_0)=\begin{cases}\displaystyle\sum_{\xi_1=0}^{m_{\text{SP}}-1}\cdots\sum_{\xi_M=0}^{m_{\text{SP}}-1}\Xi(M)\left[(\Lambda_{\text{SP}}-1)!\,\Delta_{\text{SP}}^{-\Lambda_{\text{SP}}}-\sum_{t=1}^{m_{\text{SR}}-1}\sum_{s=0}^{t}\frac{\alpha_{\text{SR}}\xi(t)t!}{\bar{\gamma}_{\text{SR}}^{t+1}s!\,\Delta_{\text{SR}}^{t-s+1}}\sum_{v=0}^{s}\binom{s}{v}\frac{C_3^{s-v}C_2^{v}\mathrm{e}^{-\Delta_{\text{SR}}C_3}(\Lambda_{\text{SP}}-1+v)!}{(C_2\Delta_{\text{SR}}+\Delta_{\text{SP}})^{-\Lambda_{\text{SP}}-v}}\right]\\ \displaystyle+\sum_{i=1}^{\rho(A_{RP})}\sum_{j=1}^{\tau_i(A_{RP})}\chi_{i,j}(A_{RP})-\sum_{i=1}^{\rho(A_{RP})}\sum_{j=1}^{\tau_i(A_{RP})}\frac{\chi_{i,j}(A_{RP})\,\bar{\gamma}_{\text{RP}_i}^{-j}}{(1/\bar{\gamma}_{\text{RP}_i}+D_2/\bar{\gamma}_{\text{RD}})^{j}}\\ \displaystyle-\sum_{\xi_1=0}^{m_{\text{SP}}-1}\cdots\sum_{\xi_M=0}^{m_{\text{SP}}-1}\Xi(M)\left[(\Lambda_{\text{SP}}-1)!\,\Delta_{\text{SP}}^{-\Lambda_{\text{SP}}}-\sum_{t=1}^{m_{\text{SR}}-1}\sum_{s=0}^{t}\frac{\alpha_{\text{SR}}\xi(t)t!}{\bar{\gamma}_{\text{SR}}^{t+1}s!\,\Delta_{\text{SR}}^{t-s+1}}\sum_{v=0}^{s}\binom{s}{v}\frac{C_3^{s-v}C_2^{v}\mathrm{e}^{-\Delta_{\text{SR}}C_3}(\Lambda_{\text{SP}}-1+v)!}{(C_2\Delta_{\text{SR}}+\Delta_{\text{SP}})^{-\Lambda_{\text{SP}}-v}}\right]\\ \displaystyle\cdot\sum_{i=1}^{\rho(A_{RP})}\sum_{j=1}^{\tau_i(A_{RP})}\chi_{i,j}(A_{RP})-\sum_{i=1}^{\rho(A_{RP})}\sum_{j=1}^{\tau_i(A_{RP})}\frac{\chi_{i,j}(A_{RP})\,\bar{\gamma}_{\text{RP}_i}^{-j}}{(1/\bar{\gamma}_{\text{RP}_i}+D_2/\bar{\gamma}_{\text{RD}})^{j}},\quad \gamma_0<\min\left(\frac{1}{k_1^2},\frac{1}{k_2^2}\right)\\ 1,\quad \gamma_0\geqslant\min\left(\frac{1}{k_1^2},\frac{1}{k_2^2}\right)\end{cases}\tag{5-22}$$

式中：$C_2=\delta_{\text{R}}^2(1+k_{\text{SP}}^2)\gamma_0/[\sigma Q(1-k_1^2\gamma_0)]$，$C_3=A\gamma_0/[Q(1-k_1^2\gamma_0)]$，$D_1=\delta_{\text{D}}^2(1+k_{\text{RP}}^2)\gamma_0/[\sigma(1-k_2^2\gamma_0)Q]$，$D_2=B\gamma_0/[(1-k_2^2\gamma_0)Q]$。

证明：见本章附录 A。

5.3.2 高信噪比下的系统中断概率渐进分析

为了更好地研究高信噪比下系统性能，本节得到了高信噪比下的系统中断概率的渐进表达式。

定理 5.2 系统中断概率的渐进解可表示为

$$P_{\text{out}}^{\infty}(\gamma_0)=\begin{cases}\displaystyle\sum_{\xi_1=0}^{m_{\text{SP}}-1}\cdots\sum_{\xi_M=0}^{m_{\text{SP}}-1}\frac{\alpha_{\text{SR}}\Xi(M)}{\bar{\gamma}_{\text{SR}}}\left[\frac{C_1\Lambda_{\text{SP}}!}{\Delta_{\text{SP}}^{\Lambda_{\text{SP}}+1}}+\frac{C_2(\Lambda_{\text{SP}}-1)!}{\Delta_{\text{SP}}^{\Lambda_{\text{SP}}}}\right]\\ \displaystyle+\sum_{i=1}^{\rho(A_{RP})}\sum_{j=1}^{\tau_i(A_{RP})}\frac{\chi_{i,j}(A_{RP})}{\bar{\gamma}_{\text{RD}}}[D_1 j\,\bar{\gamma}_{\text{RP}_i}+D_2]\\ \displaystyle-\sum_{\xi_1=0}^{m_{\text{SP}}-1}\cdots\sum_{\xi_M=0}^{m_{\text{SP}}-1}\frac{\alpha_{\text{SR}}\Xi(M)}{\bar{\gamma}_{\text{SR}}}\left[\frac{C_1\Lambda_{\text{SP}}!}{\Delta_{\text{SP}}^{\Lambda_{\text{SP}}+1}}+\frac{C_2(\Lambda_{\text{SP}}-1)!}{\Delta_{\text{SP}}^{\Lambda_{\text{SP}}}}\right]\\ \displaystyle\cdot\sum_{i=1}^{\rho(A_{RP})}\sum_{j=1}^{\tau_i(A_{RP})}\frac{\chi_{i,j}(A_{RP})}{\bar{\gamma}_{\text{RD}}}[D_1 j\,\bar{\gamma}_{\text{RP}_i}+D_2],\quad \gamma_0<\min\left(\frac{1}{k_1^2},\frac{1}{k_2^2}\right)\\ 1,\quad \gamma_0\geqslant\min\left(\frac{1}{k_1^2},\frac{1}{k_2^2}\right)\end{cases}\tag{5-23}$$

证明：见本章附录 B。

为了进一步分析系统的分集增益和阵列增益，令 $\bar{\gamma}_{SR}=\bar{\gamma}_{SP}=\bar{\gamma}_{RD}=\bar{\gamma}_{RP}=\bar{\gamma}$ 并忽略高阶项，可得

$$P_{out}^{\infty}(\gamma_0)=G_a\left(\frac{1}{\bar{\gamma}}\right)^{G_d} \tag{5-24}$$

式中，分集增益 G_d 和阵列增益 G_a 可分别表示为

$$G_d=\begin{cases}\Theta_1=1+\sum\limits_{\xi_1=0}^{m_{SP}-1}\cdots\sum\limits_{\xi_M=0}^{m_{SP}-1}\Lambda_{SP}, & \Phi_1>\Phi_2\\ \Theta_2=1, & \Phi_1\leqslant\Phi_2\end{cases} \tag{5-25}$$

$$G_a=\begin{cases}\Phi_1=\sum\limits_{\xi_1=0}^{m_{SP}-1}\cdots\sum\limits_{\xi_M=0}^{m_{SP}-1}\alpha_{SR}\Xi(M)\\ \cdot\left[\dfrac{C_1\Lambda_{SP}!}{(\beta_{SP}-\delta_{SP})^{\Lambda_{SP}+1}\bar{\gamma}_{SP}}+\dfrac{C_2(\Lambda_{SP}-1)!}{(\beta_{SP}-\delta_{SP})^{\Lambda_{SP}}}\right]\\ \Phi_2=\dfrac{D_2}{\bar{\gamma}_{RD}}\end{cases} \tag{5-26}$$

5.3.3　吞吐量

系统吞吐量是另一个评价系统性能的重要参量，可表示为

$$T=\frac{R_S}{2}(1-P_{out}(\gamma_0)) \tag{5-27}$$

式中，R_S 为预设系统传输速率。

将式（5-22）和式（5-23）代入式（5-27），可得系统吞吐量的准确闭式表达式和高信噪比下的渐进表达式。

5.4　仿真验证

本节给出了系统的蒙特卡罗仿真，通过蒙特卡罗仿真可证明理论分析的正确性。在仿真分析中，假设 $\delta_R^2=\delta_D^2=1$ 且 $\bar{\gamma}_{SR}=\bar{\gamma}_{SP}=\bar{\gamma}_{RD}=\bar{\gamma}_{RP}=\bar{\gamma}$，$k_1=k_2=k_{SP}=k_{RP}=k$，$T_{SR}=T_{RD}=T_{SP}=T_{RP}=L$，$U\in\{SR,SP\}$ 和 $R_s=10\ \text{bit}\cdot\text{s}^{-1}\cdot\text{Hz}^{-1}$。

信道参数和仿真参数设定分别如表 5-1 和表 5-2 所示，仿真软件为 MATLAB。

表 5-1　信道参数设定

衰落种类	m_U	b_U	Ω_U
FHS	1	0. 063	0. 000 7
AS	5	0. 251	0. 279
ILS	10	0. 158	1. 29

表 5-2　仿真参数设定

参数	数值
轨道	地球同步卫星
载波频率	2 GHz
3 dB 宽度	$\bar{\theta}_k=0.4°$
最大波束增益	$G_{max}=48$ dB
星上增益	$G_{ES}=4$ dB

图 5-2 和图 5-3 给出了不同主卫星用户数目和不同 σ 下的系统中断概率。仿真条件为：$L=10$，$\gamma_0=3$ dB，信道衰落为 FHS。如图 5-2 和图 5-3 所示，理论值很好地接近仿真值，在高信噪比下，渐进解很好地贴合仿真值，证明了理论分析的正确性。从图 5-2 和图 5-3 可以看出，损伤噪声和信道估计误差在高信噪比下对系统性能影响较大，在低信噪比下影响较小。从图 5-2 和图 5-3 可以看出，在高信噪比下损伤噪声是影响系统性能的主要因素；在低信噪比条件下，信道估计误差主要影响系统性能。系统中断概率随着主卫星用户数目减少和 σ 降低而降低，原因是随着主卫星用户数目减少和 σ 降低，地面次级用户功率得到加强，从而导致系统中断概率降低。

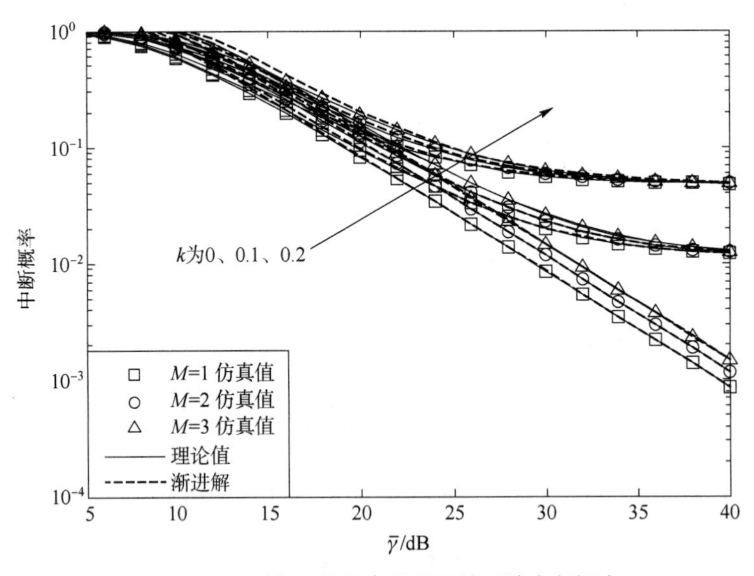

图 5-2　不同主卫星用户数目下的系统中断概率

图 5-4 和图 5-5 给出了系统中断概率随着中断阈值 γ_0 变化的曲线。图 5-4 的仿真条件为：$M=3$，信道衰落情况为 FHS，发射功率为 30 dB；图 5-5 的仿真条件为：$\sigma=0.8$，信道衰落情况为 FHS，发射功率为 30 dB。从图 5-4 和图 5-5 可以看出，中断阈值存在一

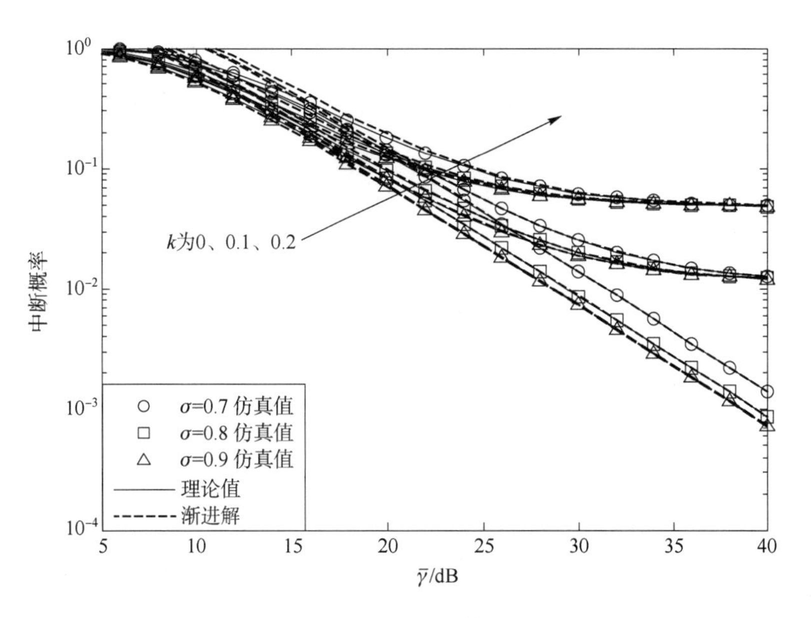

图 5-3　不同 σ 下的系统中断概率

个界值，当大于此界值时，系统中断概率恒为 1。此界值可看作是系统信损差噪比的最大值，当设定的中断阈值小于此值时，系统不中断，同时此界值只与系统损伤程度有关，与其他特性无关。这一特征已在式（5-22）中得到证明。从图 5-4 和图 5-5 可以看出，系统中断概率随着损伤噪声变大而变大，随着主卫星用户数目增加而变大，且随着 σ 增加而变大。

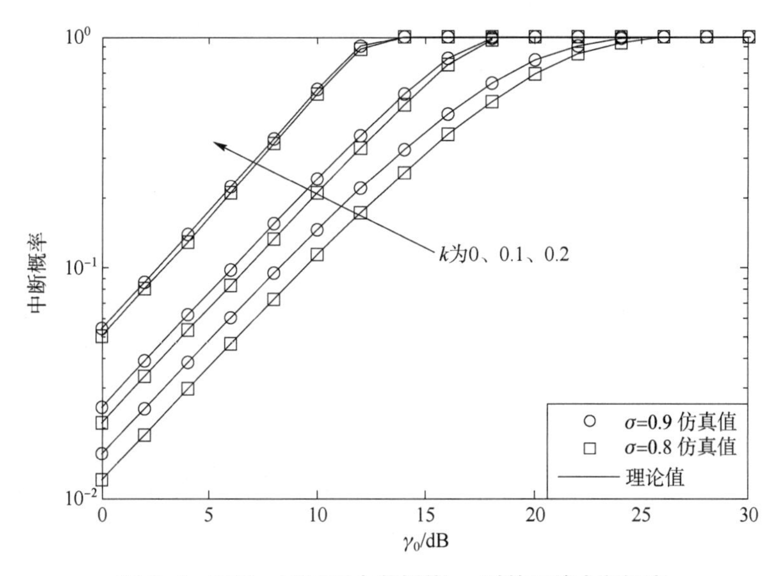

图 5-4　不同 σ 下不同中断阈值 γ_0 时的系统中断概率

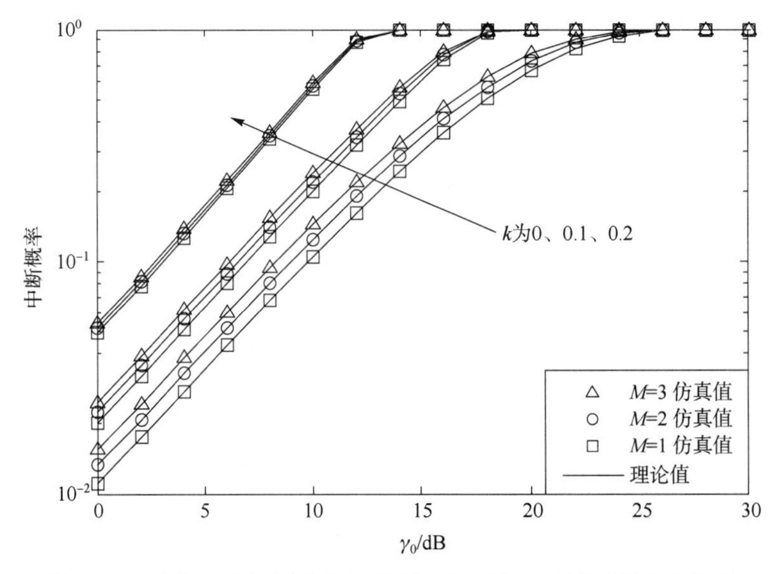

图 5-5　不同主卫星用户数目和不同中断阈值 γ_0 时的系统中断概率

图 5-6 给出了不同衰落情况下的系统中断概率。仿真条件为：$M=3$，$\sigma=0.8$，$L=10$，$\gamma_0=3$ dB。从图 5-6 可以看出，系统中断概率理论值在整个信噪比范围内很好地贴合仿真值，且在高信噪比下渐进解与仿真值完美贴合，从而证明所得到的理论值和渐进解的正确性。从图 5-6 可以看出，信道衰落严重恶化系统中断性能，损伤噪声增大导致中断概率进一步增高，当系统具有损伤噪声时，系统中断概率出现下界，而理想硬件则没有此类性质。

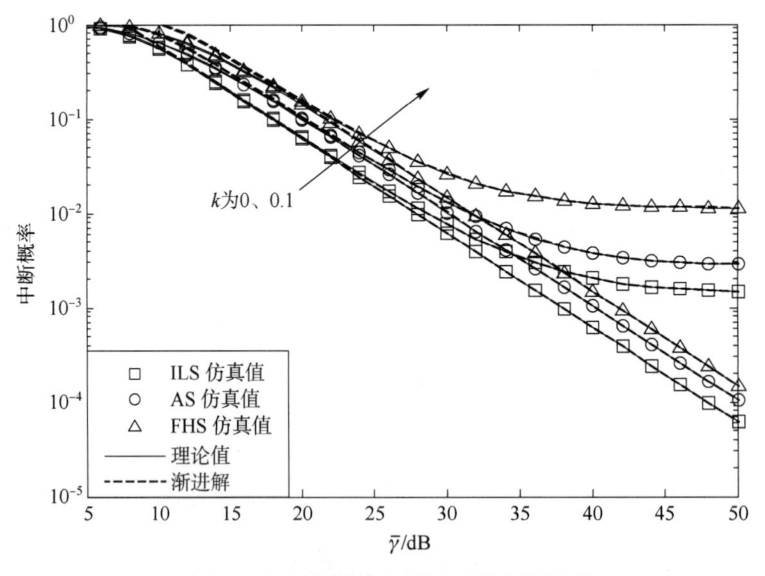

图 5-6　不同衰落情况下的系统中断概率

图 5-7 给出了不同训练长度 L 下系统中断概率。仿真条件为：$M=3$，$\sigma=0.8$，并且$\gamma_0=$ 3 dB。从图 5-7 可以看出，系统中断概率随着长度的 L 变大而变小，原因是随着 L 的增加，

信道状态信息越来越精确，导致系统性能越来越好，即系统中断概率逐渐变小。同时，从图 5-7 可以看出，系统中断概率随着损伤噪声的变大而变大。

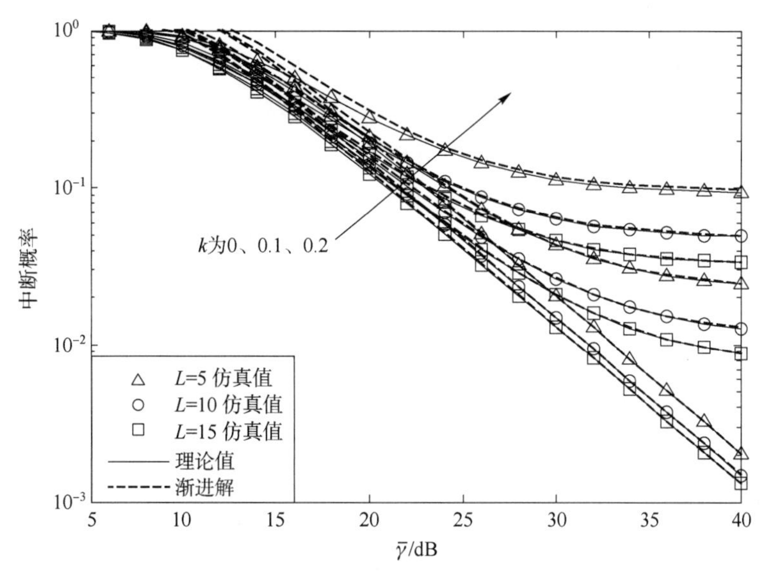

图 5-7　不同长度 L 下的系统中断概率

图 5-8 给出了不同 σ 下的系统吞吐量。仿真条件为：$M=3$，$\gamma_0=3$ dB，$L=10$，信道衰落为 FHS。从图 5-8 可以看出，遭受损伤噪声的系统，其吞吐量小于预设的 $R_s/2$，而理想硬件系统则没有此类性质。从图 5-8 可以看出，系统吞吐量随着 σ 变小而增大，原因是探测信号功率变大导致系统信道状态信息越来越准确，从而导致系统吞吐量变大。

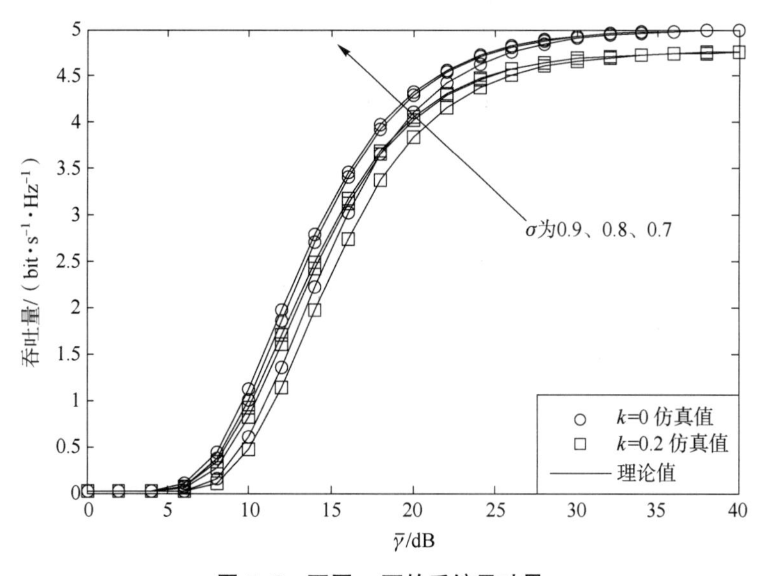

图 5-8　不同 σ 下的系统吞吐量

图 5-9 给出了不同主卫星用户数目下的系统吞吐量。仿真条件为：$\sigma=0.8$，$\gamma_0=3$ dB，$L=10$，信道衰落为 FHS。从图 5-9 可以看出，系统吞吐量随着主卫星用户数目增加而变小。主卫星用户数目增加导致地面次级用户所获得功率变小，导致吞吐量变小。从图 5-9 还可以看出，系统吞吐量在损伤噪声存在时有上界值，无论发射功率如何增大，其保持恒定值不变，并且损伤噪声值越大，此上界值越小。理想硬件的通信系统则没有此类性质，系统吞吐量随着系统信噪比增加而变大，最终达到所预设的 $R_s/2$。

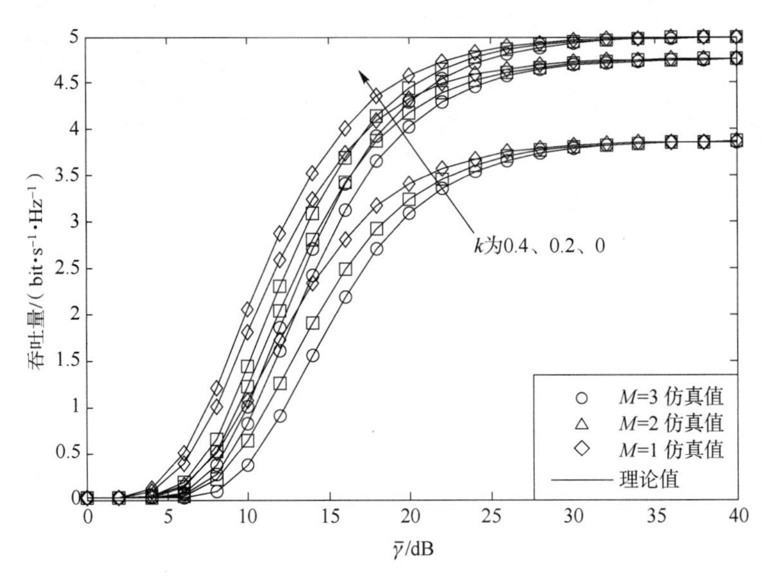

图 5-9　不同主卫星用户数目下的系统吞吐量

5.5　小　　结

本章主要分析损伤噪声和信道估计误差对于多主卫星用户认知星地融合网络的影响，首先，本章通过建立一般且实际的存在损伤噪声和信道估计误差下的认知星地融合网络模型，得到了系统信损差噪比的表达式。进一步，本章得到了系统中断概率和吞吐量的准确闭式表达式以及高信噪比下的渐进表达式，通过这些表达式可以快速准确评价系统损伤噪声和信道估计误差对于系统性能的影响。最后通过仿真发现，系统信损差噪比在高信噪比时有上界值，当系统中断阈值高于此值时，系统恒中断。系统吞吐量在高信噪比时有上界值，同时可知信道衰落对系统的性能影响很大。

5.6　附　　录

A. 定理 5.1 的证明

由于中继采用译码转发协议，因此系统中断概率可表示为

$$P_{\mathrm{out}}(\gamma_0)=\Pr(\gamma_{\mathrm{R}}\leqslant\gamma_0)+\Pr(\gamma_{\mathrm{D}}\leqslant\gamma_0)-\Pr(\gamma_{\mathrm{R}}\leqslant\gamma_0)\Pr(\gamma_{\mathrm{D}}\leqslant\gamma_0) \tag{5-28}$$

首先求出 $\Pr(\gamma_{\mathrm{R}}\leqslant\gamma_0)$ 的表达式，显而易见，当 $\gamma_0\geqslant\frac{1}{k_1^2}$时，$\Pr(\gamma_{\mathrm{R}}\leqslant\gamma_0)$ 恒为 1，因此求出当 $\gamma_0<\frac{1}{k_1^2}$时 $\Pr(\gamma_{\mathrm{R}}\leqslant\gamma_0)$ 的表达式。

从式（5-11）可知，当 $\gamma_0<\frac{1}{k_1^2}$时，$\Pr(\gamma_{\mathrm{R}}\leqslant\gamma_0)$ 可表示为

$$\begin{aligned}\Pr(\gamma_{\mathrm{R}}\leqslant\gamma_0)&=\Pr\left(\frac{\gamma_{\mathrm{SR}}Q}{\gamma_{\mathrm{SR}}Qk_{\mathrm{SR}}^2+\gamma_{\mathrm{SP}}(1+k_{\mathrm{SP}}^2)\delta_{\mathrm{R}}^2}\leqslant\gamma_0\right)\\&=\int_0^{\infty}\int_0^{C_2y+C_3}f_{\gamma_{\mathrm{SR}}}(x)f_{\gamma_{\mathrm{SP}}}(y)\,\mathrm{d}x\mathrm{d}y\\&=\int_0^{\infty}F_{\gamma_{\mathrm{SR}}}(yC_2+C_3)f_{\gamma_{\mathrm{SP}}}(y)\,\mathrm{d}y\end{aligned} \tag{5-29}$$

将式（5-18）和式（5-19）代入式（5-29），可得

$$\Pr(\gamma_{\mathrm{R}}\leqslant\gamma_0)=\begin{cases}\sum\limits_{\xi_1=0}^{m_{\mathrm{SP}}-1}\cdots\sum\limits_{\xi_M=0}^{m_{\mathrm{SP}}-1}\Xi(M)\left[(\Lambda_{\mathrm{SP}}-1)!\ \Delta_{\mathrm{SP}}^{-\Lambda_{\mathrm{SP}}}-\sum\limits_{t=1}^{m_{\mathrm{SR}}-1}\sum\limits_{s=0}^{t}\frac{\alpha_{\mathrm{SR}}\xi(t)t!}{\bar{\gamma}_{\mathrm{SR}}^{t+1}s!\ \Delta_{\mathrm{SR}}^{t-s+1}}\right.\\ \left.\cdot\sum\limits_{v=0}^{s}\binom{s}{v}\frac{C_3^{s-v}C_2^{v}\mathrm{e}^{-\Delta_{\mathrm{SR}}C_3}(\Lambda_{\mathrm{SP}}-1+v)!}{(C_2\Delta_{\mathrm{SR}}+\Delta_{\mathrm{SP}})^{-\Lambda_{\mathrm{SP}}-v}}\right],\quad\gamma_0<\frac{1}{k_1^2}\\ 1,\quad\gamma_0\geqslant\frac{1}{k_1^2}\end{cases} \tag{5-30}$$

同理，当 $\gamma_0<\frac{1}{k_2^2}$时，$\Pr(\gamma_{\mathrm{D}}\leqslant\gamma_0)$ 可表示为

$$\begin{aligned}\Pr(\gamma_{\mathrm{D}}\leqslant\gamma_0)&=\Pr\left(\frac{\gamma_{\mathrm{RD}}Q}{\gamma_{\mathrm{RD}}Qk_2^2+\delta_{\mathrm{D}}^2\gamma_{\mathrm{RP}}(1+k_{\mathrm{RP}}^2)+B}\leqslant\gamma_0\right)\\&=\int_0^{\infty}\int_0^{yD_1+D_2}f_{\gamma_{\mathrm{RD}}}(x)f_{\gamma_{\mathrm{RP}}}(y)\,\mathrm{d}x\mathrm{d}y\\&=\int_0^{\infty}F_{\gamma_{\mathrm{RD}}}(yD_1+D_2)f_{\gamma_{\mathrm{RP}}}(y)\,\mathrm{d}y\end{aligned} \tag{5-31}$$

将式（5-20）和式（5-21）代入式（5-31），可得 $\Pr(\gamma_{\mathrm{D}}\leqslant\gamma_0)$ 的最终表达式为

$$\Pr(\gamma D\leqslant\gamma_0)=\begin{cases}\sum\limits_{i=1}^{\rho(\boldsymbol{A_{RP}})}\sum\limits_{j=1}^{\tau_i(\boldsymbol{A_{RP}})}\chi_{i,j}(\boldsymbol{A_{RP}})-\sum\limits_{i=1}^{\rho(\boldsymbol{A_{RP}})}\sum\limits_{j=1}^{\tau_i(\boldsymbol{A_{RP}})}\frac{\chi_{i,j}(\boldsymbol{A_{RP}})\,\bar{\gamma}_{\mathrm{RP}_i}^{-j}}{(1/\bar{\gamma}_{\mathrm{RP}_i}+D_2/\bar{\gamma}_{\mathrm{RD}})^{j}},\quad\gamma_0<\frac{1}{k_2^2}\\ 1,\quad\gamma_0\geqslant\frac{1}{k_2^2}\end{cases} \tag{5-32}$$

将式（5-30）和式（5-32）代入式（5-28）可得式（5-23），则定理得证。

B. 定理 5.2 的证明

回顾式（5-19），当 $\bar{\gamma}_{\mathrm{SR}}\to\infty$ 时，并且忽略掉高阶项，$F_{\gamma_{\mathrm{SR}}}(x)$ 可表示为

$$F_{\gamma_{SR}}(x) \approx \frac{\alpha_{SR} x}{\bar{\gamma}_{SR}} \tag{5-33}$$

将式（5-33）和式（5-18）代入式（5-29），可得

$$\Pr(\gamma_R \leqslant \gamma_0) = \begin{cases} \sum_{\xi_1=0}^{m_{SP}-1} \cdots \sum_{\xi_M=0}^{m_{SP}-1} \frac{\alpha_{SR} \Xi(M)}{\bar{\gamma}_{SR}} \left[\frac{C_1 \Lambda_{SP}!}{\Delta_{SP}^{\Lambda_{SP}+1}} + \frac{C_2(\Lambda_{SP}-1)!}{\Delta_{SP}^{\Lambda_{SP}}} \right], & \gamma_0 < \frac{1}{k_1^2} \\ 1, & \gamma_0 \geqslant \frac{1}{k_1^2} \end{cases} \tag{5-34}$$

利用相同的方法，可得 γ_{RD} 在高信噪比下的累积分布函数为

$$F_{\gamma_{RD}}(x) \approx \frac{x}{\bar{\gamma}_{RD}} \tag{5-35}$$

将式（5-20）和式（5-35）代入式（5-31），可得

$$\Pr(\gamma_D \leqslant \gamma_0) = \begin{cases} \sum_{i=1}^{\rho(\boldsymbol{A_{RP}})} \sum_{j=1}^{\tau_i(\boldsymbol{A_{RP}})} \frac{\chi_{i,j}(\boldsymbol{A_{RP}})}{\bar{\gamma}_{RD}} [D_1 j \bar{\gamma}_{RP_i} + D_2], & x_0 < \frac{1}{k_2^2} \\ 1, & x_0 \geqslant \frac{1}{k_2^2} \end{cases} \tag{5-36}$$

将式（5-34）和式（5-36）代入式（5-28），可得式（5-23），则定理得证。

第 6 章
星地融合网络中的安全协作传输策略与分析

6.1 引　　言

第 4 章和第 5 章主要研究了卫星通信系统中的双向中继问题和认知问题，研究上述问题都是为了提高频谱利用率从而提高系统综合性能。然而随着频谱利用率的不断提高，同时由于卫星自身的广域性和广播性等特点，卫星安全问题随之而来。

由于卫星自身的广播特性，卫星更容易遭受不同种类的安全问题。传统意义上，卫星的安全问题通常是通过高层加密来解决的，如协议加密标准。然而，随着窃听者计算和解码能力的提高，传统的加密方法不能保证绝对安全。此外，人们还意识到，这些协议，如隧道传输可能会导致大量的传输开销，从而明显地降低服务质量。与传统的密码技术不同，物理层安全技术通过检测物理层无线衰落信道的固有随机性，为卫星网络的安全提供了一种有前景的方法。物理层安全中的平均安全容量、安全中断概率等信息论基础是在卫星无线信道上传输机密数据的基础。

未来卫星通信系统需要以合理的成本和较好的服务质量向大量用户提供高信息传输速率。星地融合网络的出现正是为了解决卫星通信系统的盲点、提高服务质量和传输速率等问题。在星地融合网络中，物理层安全已开展一些研究，文献［121］说明卫星中物理层安全技术可以通过分离的物理层技术实现。文献［122］通过波束优化实现卫星多波束中的安全问题。文献［125，126］研究了星地融合网络中的安全中断概率和平均安全容量等问题。文献［127］研究了多地面中继情况下的星地融合网络安全问题。然而上述文献只考虑了单个主卫星用户和单个窃听者的场景。在文献［42，52，77］中，星地融合网络中的多用户场景是一个普遍的假设。同时由于卫星通信的广播特性，多窃听者场景是一个实际的通信场景。

本章研究星地融合网络中的协作安全传输问题，本章考虑星地融合安全网络中存在多用户、多窃听者的场景。

6.2 系统模型

如图 6-1 所示，本章研究星地融合网络安全协作传输问题，此网络中包含一个卫星源端 S、M 个合法用户 B 和 N 个中继端 R。由于卫星覆盖的广域性，在用户 B 的周围有 L 个窃听者 E 窃听信号。本章假设网络中所有节点都配置单天线。源端 S 和用户 B 之间只能通过中继端 R 进行通信，直传链路由于雨、雾霾或者其他严重的衰落导致不能连通。

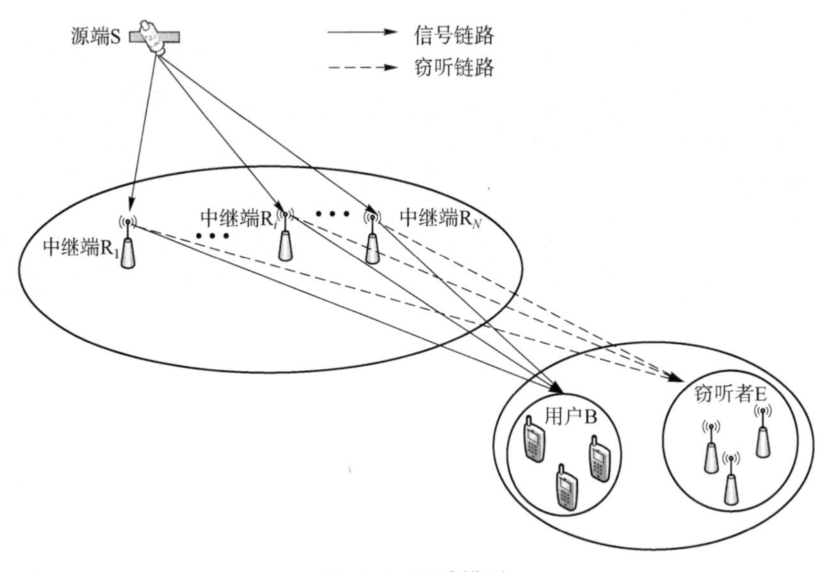

图 6-1　系统模型

整个通信过程需要占据两个时隙。在第一个时隙，源端 S 将信号 $s(t)$，($E[|s(t)|^2]=1$)传输到中继端 R 处，因此在第 ξ 个中继端 R_ξ 处得到的信号为

$$y_{SR_\xi,k}(t)=\sqrt{P_S}f_{SR_\xi,k}s(t)+n_{R_\xi}(t) \tag{6-1}$$

式中：$f_{SR_\xi,k}$为源端 S 的第 k 个波束中心到第 ξ 个中继端 R_ξ 处的信道衰落分量，通常建模为阴影莱斯衰落；P_S 为源端 S 的发射功率；$n_{R_\xi}(t)$为第 ξ 个中继端 R_ξ 处的加性高斯白噪声，可表示为 $n_{R_\xi}(t)\sim\mathcal{CN}(0,\delta_{R_\xi}^2)$。

在第二个时隙，选中的第 ξ 个中继端 R_ξ 将接收到的信号传输到第 i 个用户 B_i 处，因此在第 i 个用户 B_i 处接收到的信号可表示为

$$y_{R_\xi B_i}(t)=\sqrt{P_{R_\xi}}h_{R_\xi B_i}s(t)+n_{D_i}(t) \tag{6-2}$$

式中：$h_{R_\xi B_i}$为第 ξ 个中继端 R_ξ 到第 i 个用户 B_i 之间的信道衰落系数，其通常建模为瑞利衰落；P_{R_ξ}为第 ξ 个中继端 R_ξ 的发射功率；$n_{D_i}(t)$ 为第 i 个用户 B_i 处的加性高斯白噪声，可表示为 $n_{D_i}(t)\sim\mathcal{CN}(0,\delta_{D_i}^2)$。

窃听者想要窃听第 ξ 个中继端 R_ξ 处发来的信号，因此在第 j 个窃听者 E_j 处的信号可表示为

$$y_{R_\xi E_j}(t)=\sqrt{P_{R_\xi}}h_{R_\xi E_j}s(t)+n_{E_j}(t) \tag{6-3}$$

式中：$h_{R_\xi E_j}$为第 ξ 个中继 R_ξ 到第 j 个窃听者 E_j 之间的信道衰落系数，通常建模为瑞利衰落；$n_{E_j}(t)$ 为第 j 个窃听者 E_j 处的加性高斯白噪声，可表示为 $n_{E_j}(t)\sim\mathcal{CN}(0,\delta_{E_j}^2)$。

从式（6-1）~式（6-3）可分别得到在第 ξ 个中继端 R_ξ 处、第 i 个用户 B_i 处和第 j 个窃听者 E_j 处的信噪比为

$$\begin{cases}\gamma_{SR_\xi,k}=\dfrac{P_S\ |h_{SR_\xi,k}|^2}{\delta_{R_\xi}^2}\\ \gamma_{R_\xi B_i}=\dfrac{P_{R_\xi}|h_{R_\xi B_i}|^2}{\delta_{D_i}^2}\\ \gamma_{R_\xi E_j}=\dfrac{P_{R_\xi}|h_{R_\xi E_j}|^2}{\delta_{E_j}^2}\end{cases} \tag{6-4}$$

由于中继端 R 采用译码转发协议，第 ξ 条链路中源端 S 到用户 B 处的信噪比可最终表示为

$$\gamma_{B_\xi}=\min(\gamma_{SR_\xi,k},\gamma_{R_\xi B}) \tag{6-5}$$

本章中考虑两种窃听场景，分别为协作窃听场景和非协作窃听场景。对于协作窃听场景，窃听链路的信噪比可表示为

$$\gamma_E=\sum_{j=1}^{L}\gamma_{R_\xi E_j} \tag{6-6}$$

在非协作窃听场景中，窃听者中拥有最大信噪比的窃听者被选为最终窃听者，因此信噪比可表示为

$$\gamma_E=\max_{j\in\{1,\cdots,L\}}(\gamma_{R_\xi E_j}) \tag{6-7}$$

根据安全容量的定义，安全容量可表示为主链路的信道容量和窃听链路信道容量的差异，借助于式（6-5）~式（6-7），第 ξ 条链路的安全容量可表示为

$$C_{S_\xi}=[C_{B_\xi}-C_{E_\xi}]^+ \tag{6-8}$$

式中：$[x]^+\triangleq\max\{x,0\}$，$C_{B_\xi}=\log_2(1+\gamma_{B_\xi})$，$C_{E_\xi}=\log_2(1+\gamma_E)$。

多中继选择策略能提高系统性能，尤其是提高空间分集能力，因此在最近的研究工作中得到了广泛的重视。三种基本的中继选择策略为：一是机会中继选择策略，其中选取具有最大瞬时端到端增益的链路，可以获得最佳的系统性能，然而对于具有两跳链路的通信系统，需要知道两跳链路的信道状态信息，它的复杂度高；二是部分中继选择策略，它可以通过选择一跳的最大增益来实现，大大减轻了同步的负担；三是随机中继选择策略，该策略不能保证随机选择节点的性能，即使实现复杂度相对较低，性能并不能保证。

为了获得最佳的系统性能，机会中继选择策略应用到系统中，因此最终的安全容量可表示为

$$C_S=\max_{\xi\in\{1,\cdots,N\}}(C_{S_\xi}) \tag{6-9}$$

关于详细的中继选择和调度步骤将在后续章节中予以介绍。

6.3　联合中继和用户调度策略

下面介绍所提出的联合中继和用户调度策略。

（1）检测源端 S 到第 ξ 个中继端 R_ξ 的信噪比，接下来检测第 ξ 个中继端 R_ξ 到第 i 个用户 B_i 的信噪比，选取第 ξ 个中继端 R_ξ 到合法用户 B 中信噪比最大的链路进行通信。

（2）应用译码转发协议，计算得到第 ξ 条链路的信噪比，并在此基础上计算第 ξ 个链路的安全容量。

（3）在 $1,2,\cdots,N$ 条链路中选择具有安全容量最大的链路进行传输。

详细的联合中继和用户调度策略如图 6-2 所示。

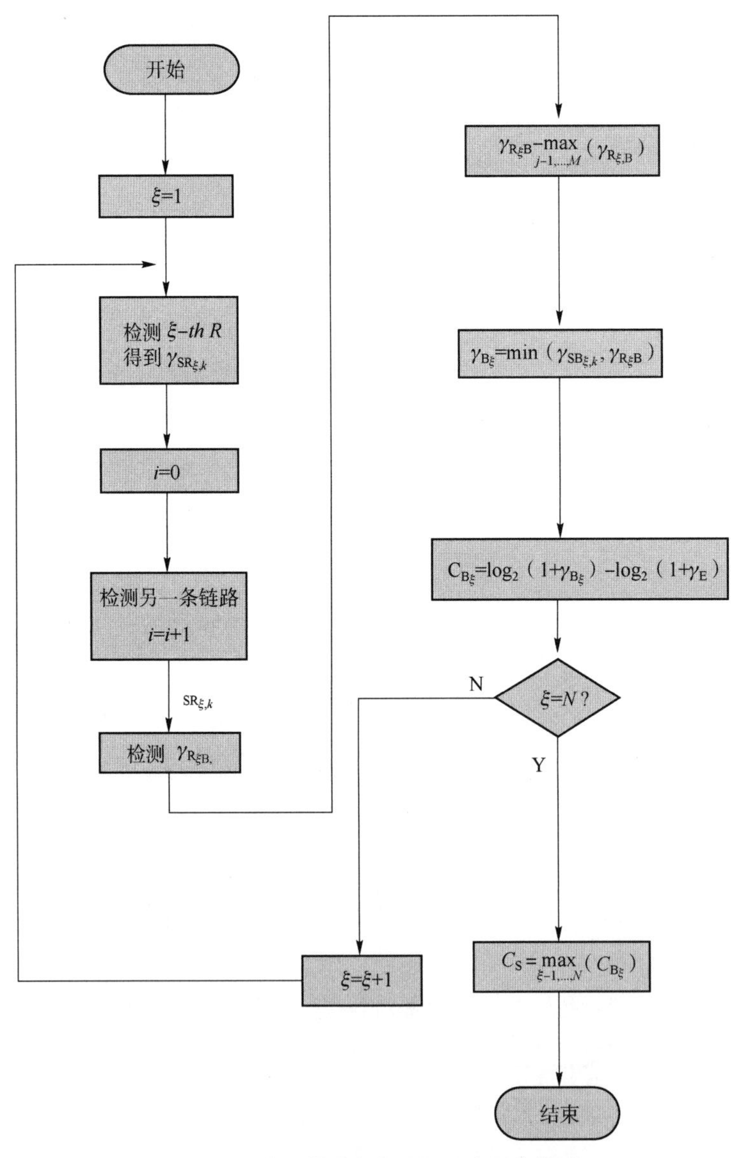

图 6-2　详细的联合中继和用户调度策略

6.4　性能分析

在得到系统的具体性能表达式之前，本节首先给出卫星链路和地面链路信道的概率密度函数。

6.4.1　预备知识

1. 地面链路

本章假设所有的地面链路都服从独立同分布 Rayleigh 衰落，可得 $\gamma_\zeta(\zeta\in\{R_\xi B_i, R_\xi E_j\})$ 的概率密度函数为

$$f_\zeta(x)=\frac{1}{\bar{\gamma}_\zeta}\mathrm{e}^{-\frac{x}{\bar{\gamma}_\zeta}} \tag{6-10}$$

式中，$\bar{\gamma}_\zeta$ 为平均的链路信噪比。

由此可得 γ_ζ 的累积分布函数为

$$F_\zeta(x)=1-\mathrm{e}^{-x/\bar{\gamma}_\zeta} \tag{6-11}$$

下面假设 $\bar{\gamma}_{\mathrm{R_\xi E}_j}=\bar{\gamma}_{\mathrm{E}}(i\in\{1,\cdots,L\})$，由此可得协作窃听场景中 γ_{E} 的概率密度函数和累积分布函数分别为

$$f_{\gamma_{\mathrm{E}}}(x)=\frac{\bar{\gamma}_{\mathrm{E}}^{-L}}{(L-1)!}x^{L-1}\mathrm{e}^{-x/\bar{\gamma}_{\mathrm{E}}} \tag{6-12}$$

$$F_{\gamma_{\mathrm{E}}}(x)=1-\sum_{s=0}^{L-1}\frac{1}{s!}\left(\frac{x}{\bar{\gamma}_{\mathrm{E}}}\right)^{s}\mathrm{e}^{-x/\bar{\gamma}_{\mathrm{E}}} \tag{6-13}$$

同理，非协作窃听场景 γ_{E} 的概率密度函数和累积分布函数分别为

$$f_{\gamma_{\mathrm{E}}}(x)=\frac{L}{\bar{\gamma}_{\mathrm{E}}}\sum_{l_2=0}^{L-1}(-1)^{l_2}\binom{L-1}{l_2}\mathrm{e}^{-x(l_2+1)/\bar{\gamma}_{\mathrm{E}}} \tag{6-14}$$

$$F_{\gamma_{\mathrm{E}}}(x)=1-\sum_{s=1}^{L}(-1)^{s-1}\binom{L}{s}\mathrm{e}^{-xs/\bar{\gamma}_{\mathrm{E}}} \tag{6-15}$$

式中，$\bar{\gamma}_{\mathrm{E}}$ 为窃听链路的平均信噪比。

2. 卫星链路

在卫星链路中，多波束常用来提高系统频谱效率，其在卫星上的作用不可忽视。对于地面同步卫星，多波束通常通过阵列反射器产生，这比直接辐射阵列更有效。在这种情况下，每个波束的辐射模式是固定的，从而可显著地减小对星上处理能力的要求。应用时分多址技术来保证在一个时隙内只有一个地面用户接入。

在地面基站和卫星的第 k 个波束间的下行链路的信道衰落系数 $f_{\mathrm{SR}_\xi,k}$ 可表示为

$$f_{\mathrm{SR}_\xi,k}=C_{\mathrm{SR}_\xi,k}h_{\mathrm{SR}_\xi,k} \tag{6-16}$$

式中：$h_{\mathrm{SR}_\xi,k}$ 为卫星链路的阴影莱斯衰落分量；$C_{\mathrm{SR}_\xi,k}$ 为射频分量的损耗，并且包括自由空间

损耗和天线增益，可表示为

$$C_{SR_{\xi},k}=\frac{\lambda\sqrt{G_{SR_{\xi},k}G_{ES}}}{4\pi\sqrt{d^2+d_0^2}} \tag{6-17}$$

式中：λ 为载波波长；d 为地面基站到卫星第 k 个波束中心之间的距离；$d_0\approx35\ 786$ km 为同步地球卫星的高度；G_{ES} 为地面基站的天线增益；$G_{SR_{\xi},k}$ 为卫星第 k 个波束的增益。

根据文献［133］，地面基站的天线增益可表示为

$$G_{ES}(\mathrm{dB})\approx\begin{cases}\bar{G}_{max}, & 0°<\beta<1°\\ 32\sim25\lg\beta, & 1°<\beta<48°\\ -10, & 48°<\beta\leqslant180°\end{cases} \tag{6-18}$$

式中：$\bar{G}_{max}$ 为最大的波束增益；β 为卫星的偏转角。

对于 $G_{SR_{\xi},k}$，定义 θ_k 为地面基站和第 k 个波束之间的角度，$\bar{\theta}_k$ 表示卫星第 k 个波束的 3 dB 夹角，从卫星第 k 个波束到地面站的天线增益可近似为

$$G_{SR_{\xi},k}\approx G_{max}\left(\frac{J_1(u_k)}{2u_k}+36\frac{J_3(u_k)}{u_k^3}\right)^2 \tag{6-19}$$

式中：G_{max} 为最大的波束增益；$u_k=2.071\ 23\sin\theta_k/\sin\bar{\theta}_k$，$J_1$ 和 J_3 为第一阶和第三阶贝塞尔函数。

为了获得最佳系统性能，一般令 $\theta_k\to0$，有 $G_{SR_{\xi},k}\approx G_{max}$ 和 $f_{SR_{\xi},k}=C_{SR_{\xi},k}^{max}h_{SR_{\xi},k}$，其中 $C_{SR_{\xi},k}^{max}=\lambda\sqrt{G_{max}G_{ES}}/(4\pi\sqrt{d^2+d_0^2})$。

根据文献［23］，$\gamma_{SR_{\xi},k}=\bar{\gamma}_{SR_{\xi},k}|C_{SR_{\xi},k}^{max}h_{SR_{\xi},k}|^2$ 的概率密度函数为

$$f_{\gamma_{SR_{\xi},k}}(x)=\frac{\alpha}{\bar{\gamma}_{SR_{\xi},k}}e^{-\frac{\beta}{\bar{\gamma}_{SR_{\xi},k}}}{}_1F_1\left(m;1;\frac{\delta}{\bar{\gamma}_{SR_{\xi},k}}x\right),\quad x>0 \tag{6-20}$$

式中：${}_1F_1(m;1;\delta x/\bar{\gamma}_{SR_{\xi},k})$ 表示合流超几何函数；$\bar{\gamma}_{SR_{\xi},k}$ 为源端 S 的第 k 个波束和第 ξ 个中继端之间链路的平均信噪比；$\alpha=[2bm/(2bm+\Omega)]^m/2b$；$\beta=1/(2b)$；$\delta=\Omega/[2b(2bm+\Omega)]$，$\Omega$、$2b$ 和 $m\geqslant0$ 分别为视距链路的平均功率、多径链路的平均功率和衰落因子。

当 m 取整数时，可得 $\gamma_{SR_{\xi},k}$ 的概率密度函数为

$$f_{\gamma_{SR_{\xi},k}}(x)=\alpha\sum_{k=0}^{m-1}\frac{(1-m)_k(-\delta)^k}{(k!)^2(\bar{\gamma}_{SR_{\xi},k})^{k+1}}x^k\exp(-\Delta x) \tag{6-21}$$

式中：$\Delta=(\beta-\delta)/\bar{\gamma}_{SR_{\xi},k}$；$(x)_k$ 代表 Pochhammer 函数。

由此可得 $\gamma_{SR_{\xi},k}$ 的累积分布函数为

$$F_{\gamma_{SR_{\xi},k}}(x)=1-\alpha\sum_{k=0}^{m-1}\sum_{t=0}^{k}\frac{(1-m)_k(-\delta)^k}{k!(\bar{\gamma}_{SR_{\xi},k})^{k+1}t!\ \Delta^{k-t+1}}x^te^{-\Delta x} \tag{6-22}$$

3. 主卫星用户链路的累积分布函数

由于中继端 R 处应用译码转发协议，可得主卫星用户链路的累积分布函数为

$$F_{\mathrm{B}}(x)=F_{\mathrm{SR}_{\xi},k}(x)+F_{\mathrm{R}_{\xi}\mathrm{B}}(x)-F_{\mathrm{SR}_{\xi},k}(x)F_{\mathrm{R}_{\xi}\mathrm{B}}(x) \tag{6-23}$$

式中：中继端 R 到用户 B 处采用最佳机会中继选择策略，因此可得 $F_{\mathrm{R}_{\xi}\mathrm{B}}(x)$ 和 $f_{\mathrm{R}_{\xi}\mathrm{B}}(x)$ 的最终表达式分别为

$$\begin{cases} F_{\mathrm{R}_{\xi}\mathrm{B}}(x)=[F_{\mathrm{R}_{\xi}\mathrm{B}_i}(x)]^M=1-\sum_{l=1}^{M}(-1)^{l-1}\binom{M}{l}\mathrm{e}^{-xl/\bar{\gamma}_{\mathrm{R}_{\xi}\mathrm{B}_i}} \\ f_{\mathrm{R}_{\xi}\mathrm{B}}(x)=\dfrac{M}{\bar{\gamma}_{\mathrm{R}_{\xi}\mathrm{B}_i}}\sum_{l_1=0}^{M-1}(-1)^{l_1}\binom{M-1}{l_1}\mathrm{e}^{-x(l_1+1)/\bar{\gamma}_{\mathrm{R}_{\xi}\mathrm{B}_i}} \end{cases} \tag{6-24}$$

将式（6-24）和式（6-22）代入式（6-23），$F_{\mathrm{B}}(x)$ 的最终表达式为

$$F_{\mathrm{B}}(x)=1-\alpha\sum_{k=0}^{m-1}\sum_{t=0}^{k}\sum_{l=1}^{M}\binom{M}{l}\frac{(-1)^{l-1}(1-m)_k(-\delta)^k}{k!(\bar{\gamma}_{\mathrm{SR}_{\xi},k})^{k+1}t!\Delta^{k-t+1}}x^t\mathrm{e}^{-x(\Delta+l/\bar{\gamma}_{\mathrm{R}_{\xi}\mathrm{B}_i})} \tag{6-25}$$

6.4.2　非零安全中断概率

根据非零安全中断概率定义，$\Pr(C_{\mathrm{S}}>0)$ 可表示为

$$\Pr(C_{\mathrm{S}}>0)=1-\Pr(C_{\mathrm{S}}<0)=1-[\underbrace{\Pr(C_{\mathrm{S}_{\xi}}<0)}_{L_1}]^N \tag{6-26}$$

式（6-26）的关键问题是得到 L_1 的表达式。

定理 6.1　L_1 最终表达式可表示为以下两种。

（1）协作窃听场景：

$$\Pr(C_{\mathrm{S}_{\xi}}<0)=1-\sum_{k=0}^{m-1}\sum_{t=0}^{k}\sum_{l=1}^{M}\frac{\bar{\gamma}_{\mathrm{E}}^{-L}\alpha(-1)^{l-1}(1-m)_k(-\delta)^k(L-1+t)!}{(L-1)!\ k!(\bar{\gamma}_{\mathrm{SR}_{\xi},k})^{k+1}t!\Delta^{k-t+1}(\Delta+l/\bar{\gamma}_{\mathrm{R}_{\xi}\mathrm{B}_i}+1/\bar{\gamma}_{\mathrm{E}})^{-L-t}} \tag{6-27}$$

（2）非协作窃听场景：

$$\Pr(C_{\mathrm{S}_{\xi}}<0)=1-\sum_{k=0}^{m-1}\sum_{t=0}^{k}\sum_{l=1}^{M}\sum_{l_2=0}^{L-1}\binom{M}{l}\binom{L-1}{l_2}\frac{L\alpha(-1)^{l_2+l-1}(1-m)_k(-\delta)^k}{k!(\bar{\gamma}_{\mathrm{SR}_{\xi},k})^{k+1}\bar{\gamma}_{\mathrm{E}}\Delta^{k-t+1}[(l_2+1)/\bar{\gamma}_{\mathrm{E}}]^{-t-1}} \tag{6-28}$$

证明：见本章附录 A。

将式（6-27）和式（6-28）分别代入式（6-26），可得非零安全中断概率的准确表达式。

6.4.3　安全中断概率

根据安全中断概率的定义，$\Pr(C_{\mathrm{S}}<C_0)$ 可表示为

$$\Pr(C_{\mathrm{S}}<C_0)=[\Pr(C_{\mathrm{S}_{\xi}}<C_0)]^N \tag{6-29}$$

式中：$C_0=\log_2(1+\gamma_0)$，γ_0 为所设定的安全中断阈值。

定理 6.2 $\Pr(C_{S_\xi}<C_0)$ 的准确表达有以下两种。

(1) 协作窃听场景:

$$\Pr(C_{S_\xi}<C_0)=1-\alpha\sum_{k=0}^{m-1}\sum_{t=0}^{k}\sum_{l=1}^{M}\sum_{p=0}^{t}\binom{M}{l}\binom{t}{p}\cdot\frac{e^{-(\Delta+l/\bar{\gamma}_{R_\xi B_i})\gamma_0}(-1)^{l-1}(1-m)_k(-\delta)^k\gamma_0^{t-p}(\gamma_0+1)^p(L-1+p)!\ \bar{\gamma}_E^{-L}}{k!(\bar{\gamma}_{SR_\xi,k})^{k+1}t!\Delta^{k-t+1}(L-1)!\ [(\Delta+l/\bar{\gamma}_{R_\xi B_i})(\gamma_0+1)+1/\bar{\gamma}_E]^{L+p}}\tag{6-30}$$

(2) 非协作窃听场景:

$$\Pr(C_{S_\xi}<C_0)=1-\alpha\sum_{k=0}^{m-1}\sum_{t=0}^{k}\sum_{l=1}^{M}\sum_{p_1=0}^{t}\sum_{l_2=0}^{L-1}\binom{M}{l}\binom{t}{p_1}\binom{L-1}{l_2}(-1)^{l_2}\cdot\frac{(-1)^{l-1}(1-m)_k(-\delta)^k e^{-(\Delta+l/\bar{\gamma}_{R_\xi B_i})\gamma_0}\gamma_0^{t-p_1}(\gamma_0+1)^{p_1}Lp_2!}{\bar{\gamma}_E k!(\bar{\gamma}_{SR_\xi,k})^{k+1}t!\Delta^{k-t+1}[(\Delta+l/\bar{\gamma}_{R_\xi B_i})(\gamma_0+1)+(l_2+1)/\bar{\gamma}_E]^{p_2+1}}\tag{6-31}$$

证明:见本章附录 B。

6.4.4 平均安全容量

平均安全容量是另外一个评价系统安全性能的重要指标,根据文献 [154],C_S'与 C_{S_ξ}可定义如下:

$$C_S=(C_{S_\xi})^N\tag{6-32}$$

$$\begin{aligned}C_{S_\xi}&=\frac{1}{\ln 2}\int_0^\infty\int_0^x F_{\gamma_E}(x)/(1+x)\,dx f_{\gamma_{B_\xi}}(y)\,dy\\&=\frac{1}{\ln 2}\int_0^\infty F_{\gamma_E}(x)/(1+x)\int_x^\infty f_{\gamma_{B_\xi}}(y)\,dy\,dx\\&=\frac{1}{\ln 2}\int_0^\infty\frac{F_{\gamma_E}(x)}{1+x}[1-F_{\gamma_{B_\xi}}(x)]\,dx\end{aligned}\tag{6-33}$$

定理 6.3 C_{S_ξ}的表达式可表示为以下两种。

(1) 协作窃听场景:

$$C_{S_\xi}=\frac{1}{\ln 2}\alpha\sum_{k=0}^{m-1}\sum_{t=0}^{k}\sum_{l=1}^{M}\binom{M}{l}\frac{(-1)^{l-1}(1-m)_k(-\delta)^k}{k!(\bar{\gamma}_{SR_\xi,k})^{k+1}t!\Delta^{k-t+1}}\cdot\left[\psi(t,\Delta+l/\bar{\gamma}_{R_\xi B_i},1)-\sum_{s=0}^{L-1}\frac{1}{s!}\left(\frac{1}{\bar{\gamma}_E}\right)^s\psi(t+s,\Delta+l/\bar{\gamma}_{R_\xi B_i}+1/\bar{\gamma}_E,1)\right]\tag{6-34}$$

根据文献 [136],$\psi(n,\mu,\beta)$可表示为

$$\psi(n,\mu,\beta)=(-1)^{n-1}\beta^n e^{\beta\mu}Ei(-\beta\mu)+\sum_{k=1}^{n}(k-1)!(-\beta)^{n-k}\mu^{-k}\tag{6-35}$$

式中，$Ei(-\beta\mu)=\int_{-\infty}^{x}\frac{e^{t}}{t}dt$ 表示指数积分函数。

(2) 非协作窃听场景：

$$C_{S_\xi}=\frac{1}{\ln 2}\alpha\sum_{k=0}^{m-1}\sum_{t=0}^{k}\sum_{l=1}^{M}\binom{M}{l}\frac{(-1)^{l-1}(1-m)_k(-\delta)^k}{k!(\bar{\gamma}_{SR_\xi,k})^{k+1}t!\Delta^{k-t+1}}\cdot\left[\psi(t,\Delta+l/\bar{\gamma}_{R_\xi B_i},1)-\sum_{s=1}^{L}(-1)^{s-1}\binom{L}{s}\psi(t,\Delta+l/\bar{\gamma}_{R_\xi B_i}+s/\bar{\gamma}_E,1)\right]\quad(6-36)$$

证明：见本章附录 C。

6.5　高信噪比下的渐进性能分析

为了更好地分析不同参数在高信噪比下对系统性能的影响，本节将给出高信噪比下的渐进表达式。

定理 6.4　系统的渐进性能分析结果如下。

1) 非零安全中断概率中 L_1^∞

(1) 协作窃听场景：

$$L_1^\infty=\Pr^\infty(C_{S_\xi}<0)=1-\frac{\alpha}{\bar{\gamma}_{SR_\xi,k}}L\,\bar{\gamma}_E-\left(\frac{\bar{\gamma}_E}{\bar{\gamma}_{R_\xi B_i}}\right)^M/(L-1)!\quad(6-37)$$

(2) 非协作窃听场景：

$$L_1^\infty=\Pr^\infty(C_{S_\xi}<0)=1-L\bar{\gamma}_E\sum_{l_2=0}^{L-1}(-1)^{l_2}\binom{L-1}{l_2}\left[\frac{\alpha}{\bar{\gamma}_{SR_\xi,k}}\left(\frac{l_2+1}{\bar{\gamma}_E}\right)^{-2}+\left(\frac{1}{\bar{\gamma}_{R_\xi B_i}}\right)^{-N}\left(\frac{l_2+1}{\bar{\gamma}_E}\right)^{-N-1}N!\right]\quad(6-38)$$

2) 安全中断概率中 $\Pr^\infty(C_{S_\xi}<C_0)$

(1) 协作窃听场景：

$$\Pr^\infty(C_{S_\xi}<C_0)=\left(\frac{\alpha}{\bar{\gamma}_{SR_\xi,k}}\right)[\gamma_0+(\gamma_0+1)L\bar{\gamma}_E]+\left(\frac{1}{\bar{\gamma}_{R_\xi B_i}}\right)^M\sum_{q_1=0}^{M}\binom{M}{q_1}\frac{\gamma_0^{M-q_1}(\gamma_0+1)^{q_1}\bar{\gamma}_E^{q_1}(L+q_1-1)!}{(L-1)!}-\left(\frac{\alpha}{\bar{\gamma}_{SR_\xi,k}}\right)\left(\frac{1}{\bar{\gamma}_{R_\xi B_i}}\right)^M\sum_{q_0=0}^{M+1}\binom{M+1}{q_0}\frac{\gamma_0^{M+1-q_0}(\gamma_0+1)^{q_0}\bar{\gamma}_E^{q_0}(L+q_0-1)!}{(L-1)!}\quad(6-39)$$

（2）非协作窃听场景：

$$\Pr^{\infty}(C_{S_\xi}<C_0)=\left(\frac{\alpha}{\bar{\gamma}_{SR_\xi,k}}\right)\left[\gamma_0+(\gamma_0+1)L\bar{\gamma}_E\sum_{l_2=0}^{L-1}(-1)^{l_2}\binom{L-1}{l_2}(l_2-1)^{-2}\right]+$$
$$\left(\frac{1}{\bar{\gamma}_{R_\xi B_i}}\right)^M\sum_{q_2=0}^{M}\sum_{l_2=0}^{L-1}(-1)^{l_2}\binom{L-1}{l_2}(l_2-1)^{-q_2-1}\binom{M}{q_2}\gamma_0^{M-q_2}(\gamma_0+1)^{q_2}L\bar{\gamma}_E^{q_2}(q_2)!-$$
$$\frac{\alpha}{\bar{\gamma}_{SR_\xi,k}}\left(\frac{1}{\bar{\gamma}_{R_\xi B_i}}\right)^M\sum_{q_3=0}^{M+1}\sum_{l_2=0}^{L-1}(-1)^{l_2}\binom{L-1}{l_2}(l_2-1)^{-q_3-1}\binom{M+1}{q_3}\gamma_0^{M+1-q_3}(\gamma_0+1)^{q_3}L\bar{\gamma}_E^{q_3}(q_3)!$$

（6-40）

3）平均安全容量中 $C_{S_\xi}^{\infty}$

（1）协作窃听场景：

$$C_{S_\xi}^{\infty}=\alpha\sum_{k=0}^{m-1}\frac{(1-m)_k(-\delta)^k}{(k!)^2(\bar{\gamma}_{SR_\xi,k})^{k+1}}\sum_{s=1}^{M}(-1)^{s-1}\binom{M}{s}x^kH(k,\Delta+s/\bar{\gamma}_{R_\xi B_i},1)+\sum_{s=0}^{L-1}\frac{1}{s!}\left(\frac{1}{\bar{\gamma}_E}\right)^s\psi(s,1/\bar{\gamma}_E,1)+$$
$$\frac{M}{\bar{\gamma}_{R_\xi B_i}}\sum_{l_1=0}^{M-1}(-1)^{l_1}\binom{M-1}{l_1}\alpha\sum_{k=0}^{m-1}\sum_{t=0}^{k}\frac{(1-m)_k(-\delta)^k}{k!(\bar{\gamma}_{SR_\xi,k})^{k+1}t!\Delta^{k-t+1}}x^tH(t,\Delta+(l_1+1)/\bar{\gamma}_{R_\xi B_i},1)$$

（6-41）

其中，

$$H(v,u)=\frac{1}{u^{v+1}}[\varphi(v+1)-\ln u]\qquad(6\text{-}42)$$

式中，$\varphi(\cdot)$ 表示欧拉 PSI 函数。

（2）非协作窃听场景：

$$C_{S_\xi}^{\infty}=\alpha\sum_{k=0}^{m-1}\frac{(1-m)_k(-\delta)^k}{(k!)^2(\bar{\gamma}_{SR_\xi,k})^{k+1}}\sum_{s=1}^{M}(-1)^{s-1}\binom{M}{s}x^kH(k,\Delta+s/\bar{\gamma}_{R_\xi B_i},1)+\sum_{s=1}^{L}(-1)^{s-1}\binom{L}{s}\Theta(s/\bar{\gamma}_E,1)+$$
$$\frac{M}{\bar{\gamma}_{R_\xi B_i}}\sum_{l_1=0}^{M-1}(-1)^{l_1}\binom{M-1}{l_1}\alpha\sum_{k=0}^{m-1}\sum_{t=0}^{k}\frac{(1-m)_k(-\delta)^k}{k!(\bar{\gamma}_{SR_\xi,k})^{k+1}t!\Delta^{k-t+1}}x^tH(t,\Delta+(l_1+1)/\bar{\gamma}_{R_\xi B_i},1)$$

（6-43）

其中，

$$\Theta(u,b)=-\exp(ub)Ei(-ub)\qquad(6\text{-}44)$$

证明：见本章附录 D。

6.6　仿真分析

本节将给出系统的蒙特卡罗仿真以证明理论分析的正确性，并通过仿真分析不同系统参数与系统性能的关系。为了便于分析，假设 $\delta_{\mathrm{R}}^2=\delta_{\mathrm{D}}^2=\delta_{\mathrm{E}}^2=1$，$\bar{\gamma}_{\mathrm{SR}_{\xi},k}=\bar{\gamma}_{\mathrm{R}_{\xi}\mathrm{B}_i}=\bar{\gamma}$。

系统仿真参数和信道参数如表 6-1 和表 6-2 所示，仿真软件为 MATLAB。

表 6-1　仿真参数设定

参　数	数　值
轨道	地球同步卫星
载波频率	2 GHz
3 dB 宽度	$\bar{\theta}_k=0.4°$
最大波束增益	$G_{\max}=48$ dB
星上增益	$G_{\mathrm{ES}}=4$ dB

表 6-2　信道参数设定

衰落种类	m	b	Ω
FHS	1	0.063	0.000 7
AS	5	0.251	0.279
ILS	10	0.158	1.29

6.6.1　系统非零安全中断概率

图 6-3 给出了不同衰落情况下的系统非零安全中断概率。仿真条件为：$M=3$，$N=1$，$\bar{\gamma}_{\mathrm{E}}=5$ dB。从图 6-3 可以看出，理论值与仿真非常吻合。信道衰落情况与窃听者数目严重影响系统非零安全中断概率。同时，可知随着 L 增大以及信道衰落加剧，系统非零安全中断概率逐渐降低。当信噪比达到一定值时，系统非零安全中断概率为 1。对比图 6-3（a）和图 6-3（b）可以看出，图 6-3（a）的性能要比图 6-3（b）的差，从某种程度上也体现了协作窃听的强势之处。

图 6-4 给出了不同 M 下两种窃听场景下的系统非零安全中断概率，仿真条件为：$N=1$，$L=3$，信道衰落为 ILS。从图 6-4 可以看出，系统非零安全中断概率随着 M 增大而减小，随

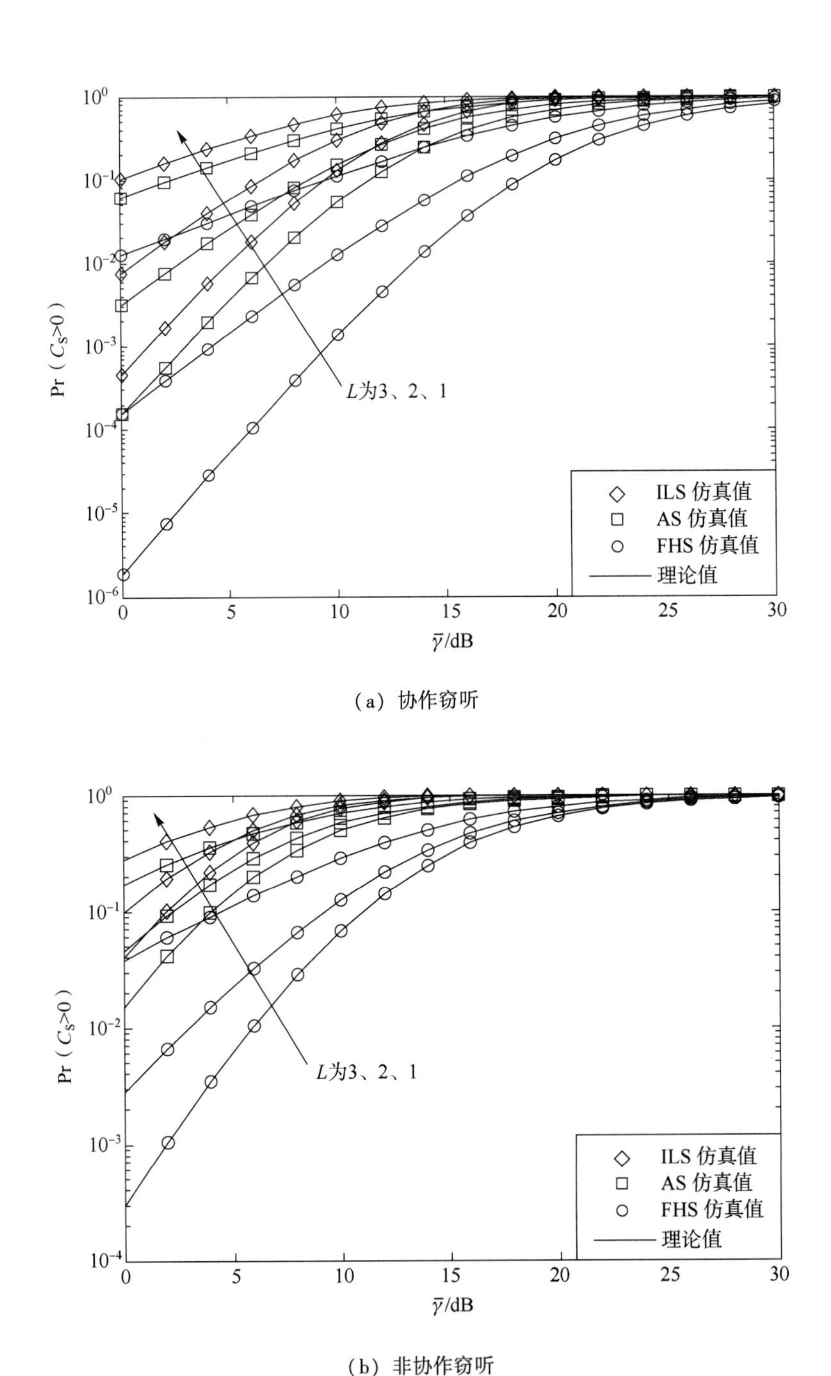

（a）协作窃听

（b）非协作窃听

图 6-3　不同衰落情况下的系统非零安全中断概率

着窃听功率增加而变小，这意味着系统更加难以保证安全通信。对比两种窃听场景下系统非零安全中断概率，可知协作窃听的系统非零安全中断概率比非协作窃听的非零安全中断概率小。

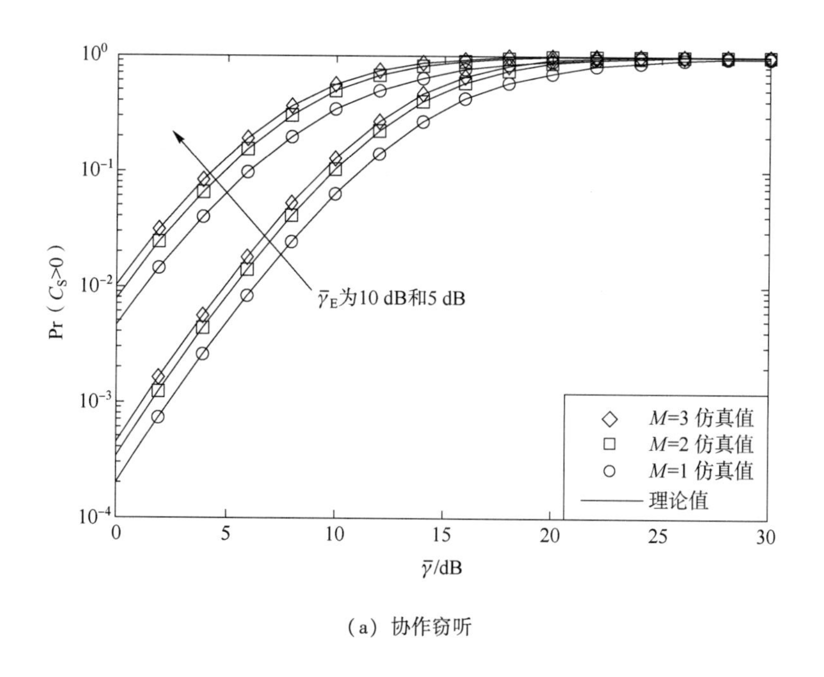

（a）协作窃听

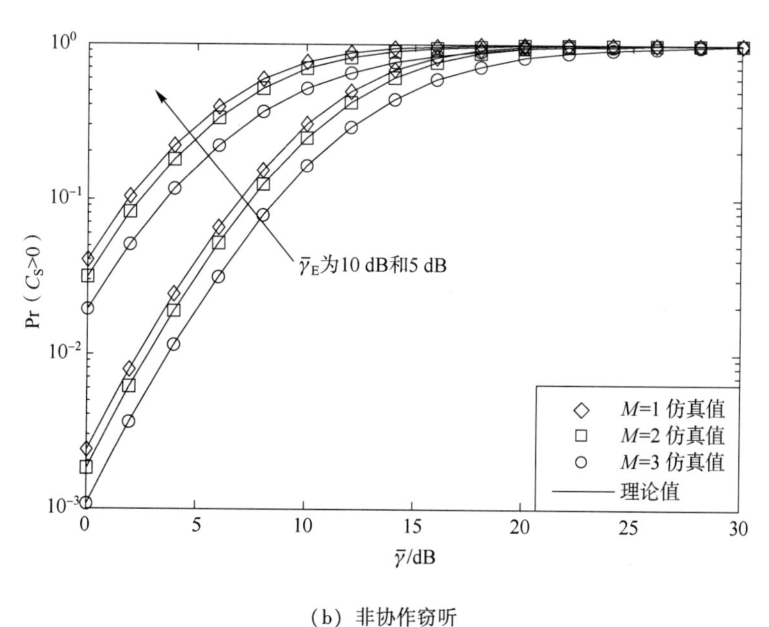

（b）非协作窃听

图 6-4　不同 M 下的系统非零安全中断概率

图 6-5 给出了不同 N 下的系统非零安全中断概率，仿真条件为：$L=1$，$M=3$，信道衰落为 ILS。从图 6-5 可以看出，N 的大小显著影响系统性能。特别地，当 N 增大时，系统非零安全中断概率显著降低。

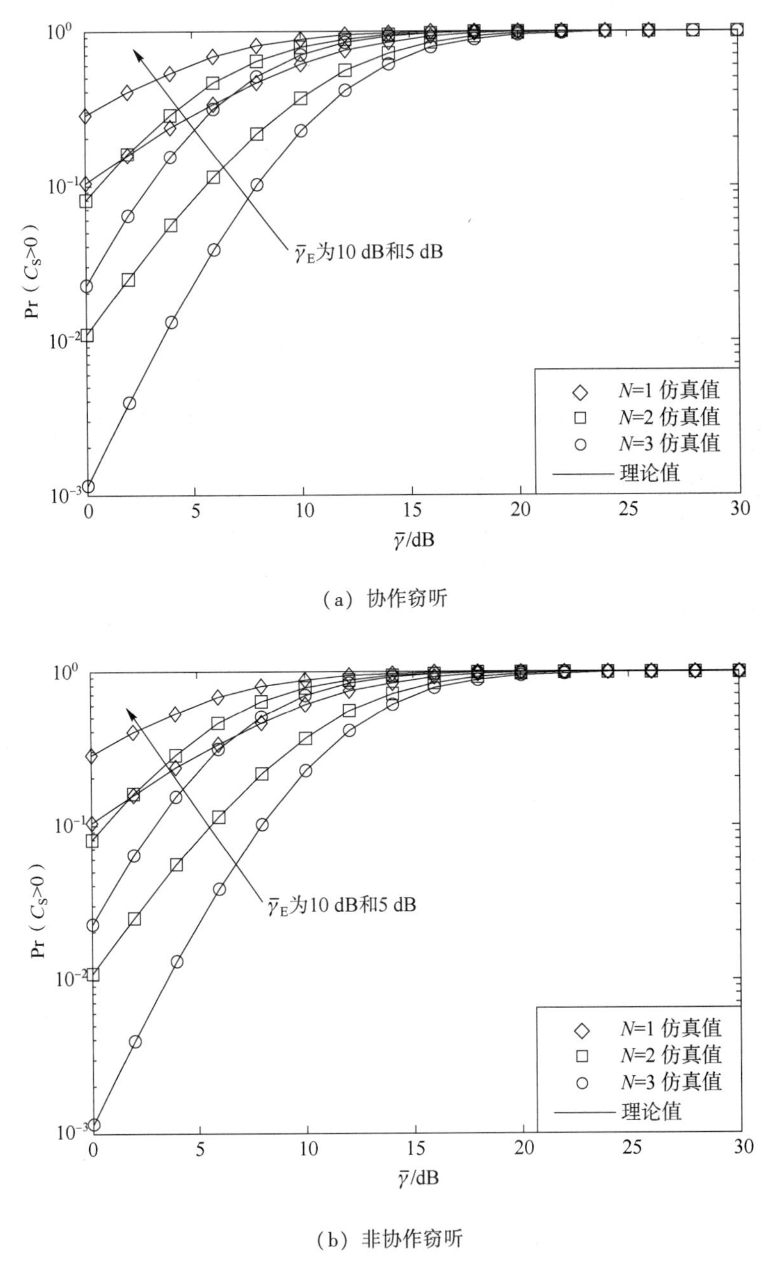

图 6-5　不同 N 下的系统非零安全中断概率

6.6.2　系统安全中断概率

图 6-6 给出了不同衰落情况下的系统安全中断概率，仿真条件为：$L=3$，$M=3$，$N=1$。图 6-6（a）中 $\bar{\gamma}_E=5$ dB；图 6-6（b）中 $\bar{\gamma}_0=0$。从图 6-6 可以看出，系统仿真值与系统理论值十分吻合，特别是在高信噪比时，系统渐进解与仿真值吻合更好。同样，从图 6-6 可以看

出，系统安全中断概率随信道衰落加剧而变大，随中断阈值增加而变大。同时，从图 6-6 还可以看出，系统的分集增益在 N 固定时不变。

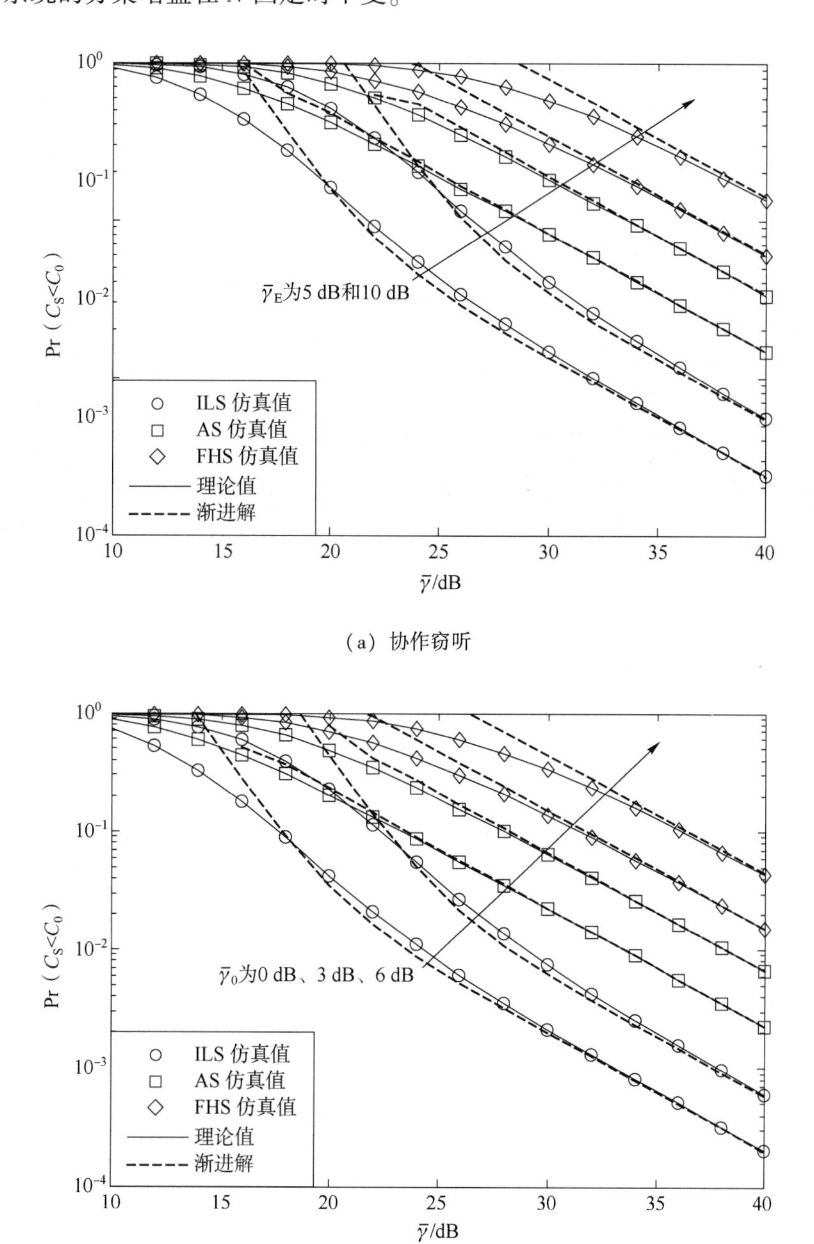

（a）协作窃听

（b）非协作窃听

图 6-6　不同衰落情况下的系统安全中断概率

图 6-7 给出了不同 N 下的系统安全中断概率，仿真条件为：$L=M=3$，信道衰落为 ILS，图 6-7（a）中 $\bar{\gamma}_0=0$；图 6-7（b）中 $\bar{\gamma}_E=5$ dB。从图 6-7 可以看出，系统安全中断概率随着 N 的增加而减小；从图 6-7 也还可以看出，N 的大小严重影响系统分集增益。

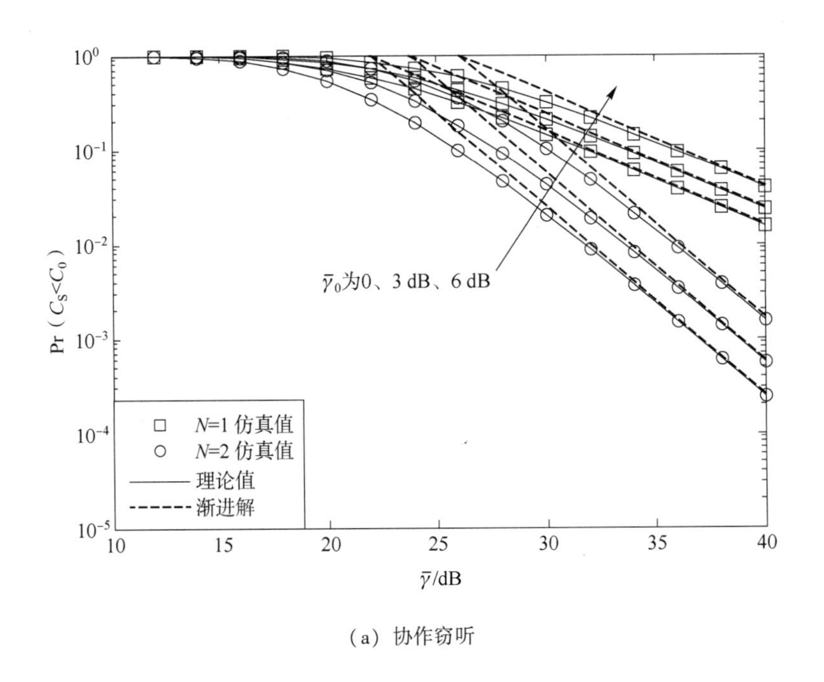

（a）协作窃听

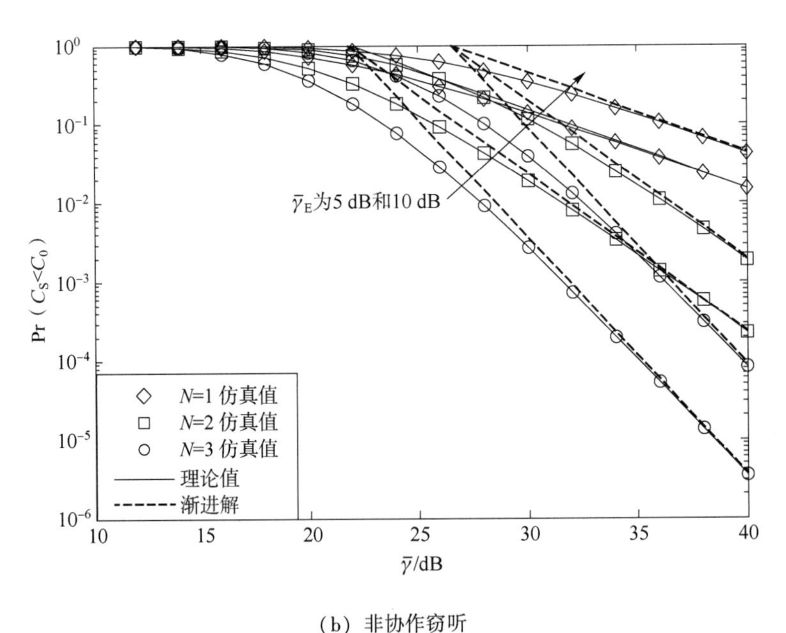

（b）非协作窃听

图 6-7　不同 N 下的系统安全中断概率

图 6-8 给出了不同 M 下的系统安全中断概率，仿真条件为：$L=1$，$N=2$，$\bar{\gamma}_E=5$ dB，信道衰落为 ILS。从图 6-8 可以看出，随着 M 的变大系统安全中断概率变小，这证明 M 取值对系统安全中断概率有重要影响。同时可知，当 $M>2$ 时，无论 M 值如何变化，系统高信噪比下的分集增益变化不大，这证明 $M\geqslant 2$ 时，对系统分集增益的影响较小。

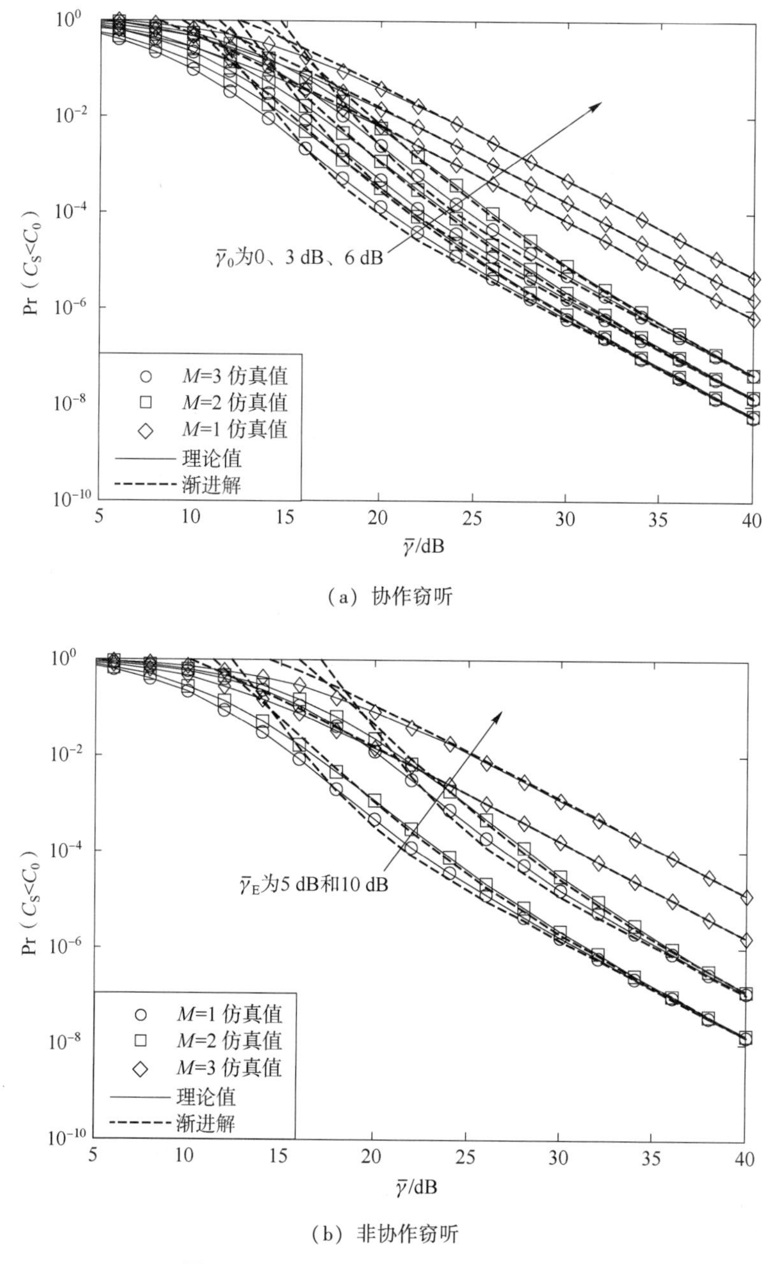

（a）协作窃听

（b）非协作窃听

图 6-8　不同 M 下的系统安全中断概率

6.6.3　系统平均安全容量

图 6-9 给出了不同衰落情况下的系统平均安全容量，仿真条件为：$L=M=3$，$N=1$。如图 6-9 所示，系统仿真值与理论值十分吻合，从而证明了系统理论分析的正确性，同时高信噪比下的渐进解与仿真值完全吻合，证明了所得渐进解的正确性。从图 6-9 可以看出，系统平均安全容量随窃听功率增加而降低，随信道衰落加剧而变小。

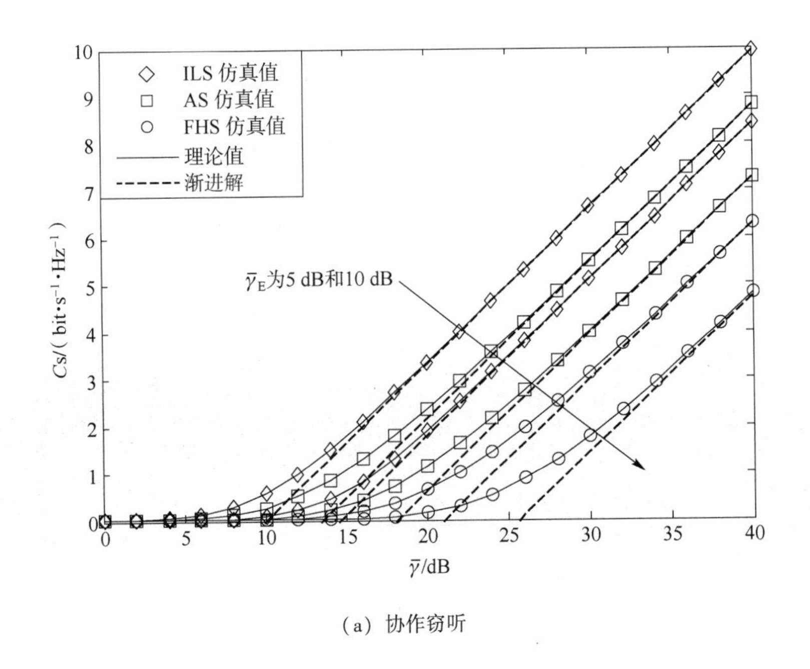

(a) 协作窃听

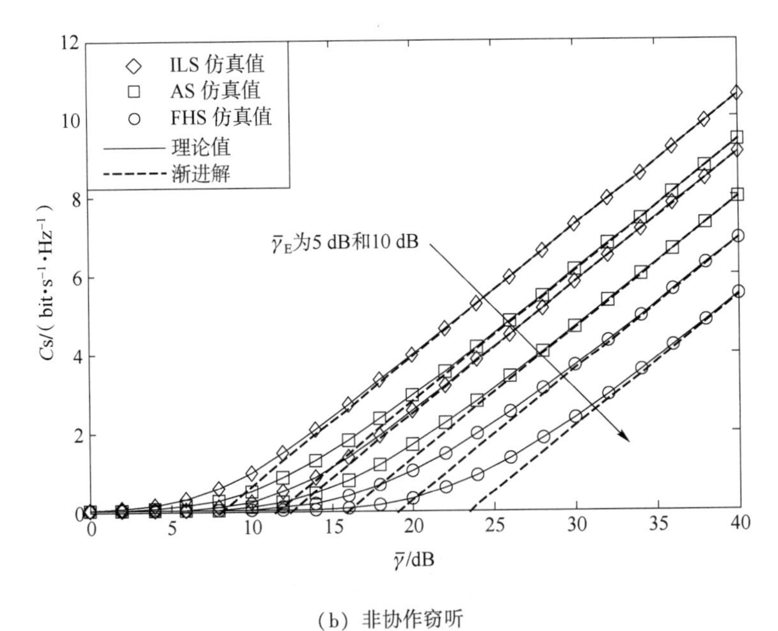

(b) 非协作窃听

图 6-9 不同衰落情况下的系统平均安全容量

图 6-10 给出了不同 M、L 下的系统平均安全容量，仿真条件为：$N=1$，$\bar{\gamma}_E=5$ dB，信道衰落为 ILS。从图 6-10 可以看出，系统平均安全容量随 M 值增加而变大，随 L 值的增加而减小。同时，从图 6-10 还可以看出，当 $L=1$ 时，两种窃听场景下的系统平均安全容量相等；当 $L\neq1$ 时，协作窃听场景下的系统平均安全容量小于非协作窃听场景下的系统平均安全容量，体现了协作窃听的优势之处。

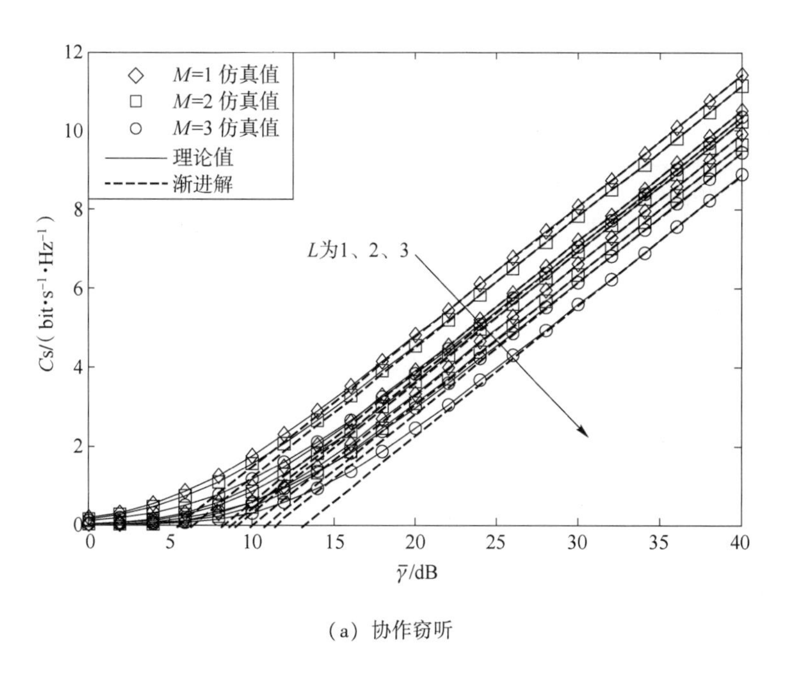

(a) 协作窃听

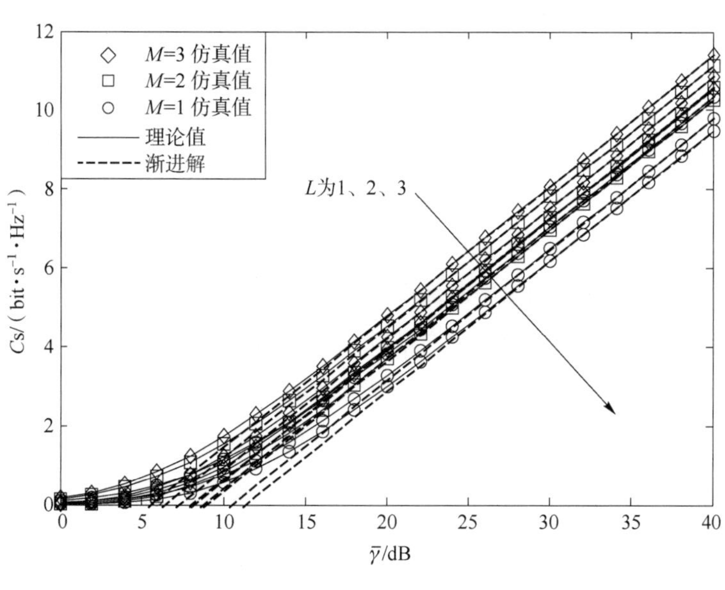

(b) 非协作窃听

图 6-10　不同 *M*、*L* 下的系统平均安全容量

图 6-11 给出了 $N=3$ 时不同信道衰落下的系统平均安全容量，仿真条件为：$M=3$，$L=3$。从图 6-11 可以看出，对比 $N=1$ 时，系统平均安全容量为 $N=3$ 时有显著提升。同时，可得协作窃听场景下的系统平均安全容量小于非协作窃听场景下的值，从而证明了协作窃听场景的窃听优势。但是，在协作窃听场景中，需要每一个窃听者都参与工作，而非协作窃听场景则只需要一个窃听者工作，两种窃听场景的复杂度不同。

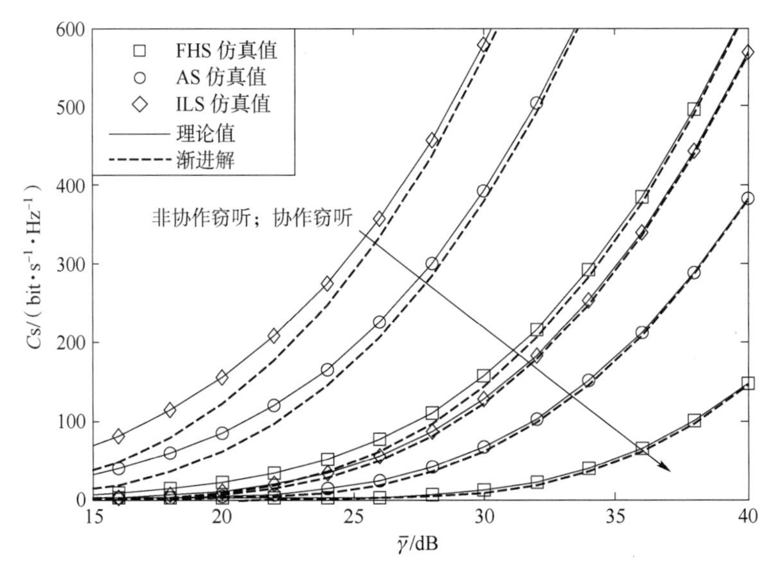

图 6-11　当 $N=3$ 时不同信道衰落下的系统平均安全容量

6.7　小　　结

本章研究了存在多中继、多用户、多窃听者时星地融合网络中的物理层安全性能。首先，提出了一种联合中继和用户调度策略以达到最佳的系统安全性能。其次，考虑了两种窃听场景，分别为协作窃听场景与非协作窃听场景。在这两种窃听场景的基础上，本章得到了系统非零安全中断概率、系统安全中断概率与平均安全容量的准确闭式表达式。再次，为了更好地在高信噪比下分析系统关键参数对系统性能的影响，本章得到了系统非零安全中断概率、系统安全中断概率与系统平均安全容量高信噪比下的渐进表达式。最后，通过仿真验证，非协作窃听场景的系统安全性能好于协作窃听场景下的系统安全性能。同时，本章发现信道质量变好、中继数目增加、合法用户数目增加、窃听者数目减小会显著增强系统的安全性能。

6.8　附　　录

A. 定理 6.1 的证明

协作窃听场景 $\Pr(C_{S_\xi}<0)$ 可表示为

$$\begin{aligned}\Pr(C_{S_\xi}<0)&=\Pr(C_{B_\xi}-C_E<0)=\Pr(\gamma_{B_\xi}<\gamma_E)\\&=\int_0^\infty\int_0^y f_{\gamma_{B_\xi}}(x)\,\mathrm{d}x f_{\gamma_E}(y)\,\mathrm{d}y\end{aligned}$$

$$= \int_0^{\infty} F_{\gamma_{B_\xi}}(y) f_{\gamma_E}(y) \mathrm{d}y \tag{6-45}$$

将式（6-12）、式（6-25）代入式（6-45），并经过一定程度的化简，可得式（6-27）。同理将式（6-14）和式（6-25）代入式（6-45）可得式（6-28）。

B. 定理 6.2 的证明

协作窃听场景 $\Pr(C_{S_\xi}<C_0)$ 可表示为

$$\begin{aligned}\Pr(C_{S_\xi} < C_0) &= \Pr(C_{B_\xi} - C_E < C_0) = \Pr(\gamma_{B_\xi} < \gamma_E(\gamma_0 + 1) + \gamma_0) \\ &= \int_0^{\infty} \int_0^{y(\gamma_0+1)+\gamma_0} f_{\gamma_{B_\xi}}(x) \mathrm{d}x f_{\gamma_E}(y) \mathrm{d}y \\ &= \int_0^{\infty} F_{\gamma_{B_\xi}}(y(\gamma_0 + 1) + \gamma_0) f_{\gamma_E}(y) \mathrm{d}y \end{aligned} \tag{6-46}$$

将式（6-12）和式（6-25）代入式（6-46），经一定的数学推导可得式（6-30）。同理，将式（6-14）和式（6-25）代入式（6-46），省去必要的化简步骤，可得式（6-31）。将式（6-30）与式（6-31）代入式（6-29），安全中断概率可得。

C. 定理 6.3 的证明

回顾式（6-33）：

$$\begin{aligned} C_{S_\xi} &= \frac{1}{\ln 2} \int_0^{\infty} \int_0^{x} F_{\gamma_E}(x)/(1 + x) \mathrm{d}x f_{\gamma_{B_\xi}}(y) \mathrm{d}y \\ &= \frac{1}{\ln 2} \int_0^{\infty} F_{\gamma_E}(x)/(1 + x) \int_x^{\infty} f_{\gamma_{B_\xi}}(y) \mathrm{d}y \mathrm{d}x \\ &= \frac{1}{\ln 2} \int_0^{\infty} \frac{F_{\gamma_E}(x)}{1 + x} [1 - F_{\gamma_{B_\xi}}(x)] \mathrm{d}x \end{aligned} \tag{6-47}$$

首先将式（6-13）和式（6-25）代入式（6-47）；然后借助于文献［136］中式（3.353.7），经过一定程度的化简，可得式（6-34）。同理，将式（6-15）和式（6-25）代入式（6-47），再利用文献［136］中式（3.353.7）可得式（6-36）。将式（6-34）和式（6-36）代入式（6-32），平均安全容量可证。证明过程省略了大部分推导过程，只保留关键的步骤。

D. 定理 6.4 的证明

当 $\bar{\gamma}_{SR_\xi,k}\to\infty$，$\bar{\gamma}_{R_\xi B_i}\to\infty$ 时，有

$$\begin{cases} F_{\gamma_{SR_\xi,k}}(x) \approx \dfrac{\alpha}{\bar{\gamma}_{SR_\xi,k}} x \\ F_{\bar{\gamma}_{R_\xi B_i}}(x) \approx \left(\dfrac{x}{\bar{\gamma}_{R_\xi B_i}}\right)^M \end{cases} \tag{6-48}$$

将式（6-48）代入式（6-23），并忽略高阶项，可得γ_{B_ξ}的累积分布函数为

$$F_{\gamma_{B_\xi}}(x) \approx \frac{\alpha}{\bar{\gamma}_{SR_\xi,k}} x + \left(\frac{x}{\bar{\gamma}_{R_\xi B_i}}\right)^M - \frac{\alpha}{\bar{\gamma}_{SR_\xi,k}} x^{M+1} \left(\frac{1}{\bar{\gamma}_{R_\xi B_i}}\right)^M \tag{6-49}$$

得到式（6-49）后，根据本章的附录 A 和附录 B 可得式（6-37）~式（6-40）。

下面证明高信噪比下的系统平均安全容量的渐进解，首先将式（6-13）和式（6-15）改写为$F_{\gamma_E}(x) = 1 - \bar{\lambda}_{\gamma_E}(x)$。

其中，$\bar{\lambda}_{\gamma_E}(x)$可以表示为

$$\begin{cases} \bar{\lambda}_{\gamma_E}(x) = \sum_{s=0}^{L-1} \frac{1}{s!} \left(\frac{x}{\bar{\gamma}_E}\right)^s e^{-x/\bar{\gamma}_E}, & \text{协作} \\ \bar{\lambda}_{\gamma_E}(x) = \sum_{s=1}^{L} (-1)^{s-1} \binom{L}{s} e^{-xs/\bar{\gamma}_E}, & \text{非协作} \end{cases} \tag{6-50}$$

因此平均安全容量$C_{S_\xi}^\infty$可改写为

$$\begin{aligned} C_{S_\xi}^\infty &= \frac{1}{\ln 2} \int_0^\infty \int_0^x \frac{1 - \bar{\lambda}_{\gamma_E}(y)}{1 + y} dy f_{\gamma_{B_\xi}}(x) dx \\ &= w_1 - w_2 \end{aligned} \tag{6-51}$$

其中，

$$w_1 = \frac{1}{\ln 2} \int_0^\infty \ln(1 + x) f_{\gamma_{B_\xi}}(x) dx \tag{6-52a}$$

$$w_2 = \frac{1}{\ln 2} \int_0^\infty \int_0^x \frac{\bar{\lambda}_{\gamma_E}(y)}{1 + y} dy f_{\gamma_{B_\xi}}(x) dx \tag{6-52b}$$

对式（6-23）求导数，可求解出$f_{\gamma_{B_\xi}}(x)$的表达式为

$$f_{\gamma_{B_\xi}}(x) = f_{\gamma_{SR_\xi,k}}(x) [1 - F_{\gamma_{R_\xi B}}(x)] + f_{\gamma_{R_\xi B}}(x) [1 - F_{\gamma_{SR_\xi,k}}(x)] \tag{6-53}$$

将式（6-21）、式（6-22）和式（6-24）代入式（6-53），可得$f_{\gamma_{B_\xi}}(x)$的表达式为

$$\begin{aligned} f_{\gamma_{B_\xi}}(x) &= \alpha \sum_{k=0}^{m-1} \frac{(1-m)_k (-\delta)^k}{(k!)^2 (\bar{\gamma}_{SR_\xi,k})^{k+1}} \sum_{s=1}^{M} (-1)^{s-1} \binom{M}{s} x^k \\ &\cdot \exp(-(\Delta + s/\bar{\gamma}_{R_\xi B_i}) x) + \frac{\alpha M}{\bar{\gamma}_{R_\xi B_i}} \sum_{l_1=0}^{M-1} (-1)^{l_1} \binom{M-1}{l_1} \\ &\cdot \sum_{k=0}^{m-1} \sum_{t=0}^{k} \frac{(1-m)_k (-\delta)^k}{k! (\bar{\gamma}_{SR_\xi,k})^{k+1} t! \Delta^{k-t+1}} x^t e^{-(\Delta + (l_1+1)/\bar{\gamma}_{R_\xi B_i}) x} \end{aligned} \tag{6-54}$$

利用$\ln(1+x) \approx \ln(x)$，将式（6-54）代入式（6-52a），并利用文献［136］中的式（4.352.1），可得

$$w_1 = \alpha\sum_{k=0}^{m-1}\frac{(1-m)_k(-\delta)^k}{(k!)^2(\bar{\gamma}_{\mathrm{SR}_\xi,k})^{k+1}}\sum_{s=1}^{M}(-1)^{s-1}\binom{M}{s}x^k H(k,\Delta+s/\bar{\gamma}_{\mathrm{R}_\xi\mathrm{B}_i},1)+$$

$$\frac{M}{\bar{\gamma}_{\mathrm{R}_\xi\mathrm{B}_i}}\sum_{l_1=0}^{M-1}(-1)^{l_1}\binom{M-1}{l_1}\alpha\sum_{k=0}^{m-1}\sum_{t=0}^{k}\frac{(1-m)_k(-\delta)^k}{k!(\bar{\gamma}_{\mathrm{SR}_\xi,k})^{k+1}t!\Delta^{k-t+1}}x^t H(t,\Delta+(l_1+1)/\bar{\gamma}_{\mathrm{R}_\xi\mathrm{B}_i},1) \tag{6-55}$$

在高信噪比下，$F_{\gamma_{\mathrm{B}_\xi}}(x)\to 0$，因此 w_2 可表示为

$$w_2=\frac{1}{\ln 2}\int_0^{\infty}\frac{\bar{\lambda}_{\gamma_{\mathrm{E}}}(x)}{1+x}\mathrm{d}x \tag{6-56}$$

将式（6-50）代入式（6-56），可得协作和非协作窃听场景下的 w_2 分别为

$$w_2=\sum_{s=0}^{L-1}\frac{1}{s!}\left(\frac{1}{\bar{\gamma}_{\mathrm{E}}}\right)^s\psi(s,1/\bar{\gamma}_{\mathrm{E}},1) \tag{6-57a}$$

$$w_2=\sum_{s=1}^{L}(-1)^{s-1}\binom{L}{s}\Theta(s/\bar{\gamma}_{\mathrm{E}},1) \tag{6-57b}$$

将式（6-55）和式（6-57a）代入式（6-51），可得高信噪比下协作窃听场景的系统平均安全容量的渐进解；将式（6-55）和式（6-57b）代入式（6-51），可得高信噪比下非协作窃听场景的系统平均安全容量的渐进解。

第 7 章

总　　结

本书针对不同场景下卫星通信系统中的协作传输问题开展研究，着重从同频干扰下的双跳卫星中继传输问题、星地融合网络中单向多中继选择问题、双向中继问题、认知中继问题以及安全协作传输问题进行了研究，主要研究了系统的中断概率、系统吞吐量、非零安全中断概率、安全中断概率和平均安全容量等性能问题。本书的主要研究内容如下。

（1）同频干扰下的双跳卫星中继传输策略与性能分析。针对同频干扰下的卫星中继网络，考虑卫星中继受到来自地面的同频干扰，卫星用户受到来自地面的同频干扰和系统硬件非理想所引起的损伤噪声，提出了非理想硬件和同频干扰下基于最大比合并和最大比接收策略的传输方法，推导了相应的中断概率和吞吐量的表达式。理论和仿真结果表明，同频干扰会严重影响系统性能，其仅降低阵列增益，对分集增益不产生影响，系统传输两跳链路中较差一条的天线数目影响系统的分集增益。损伤噪声严重减弱系统性能，导致系统性能存在平台效应，超过平台界值时，系统性能不变。

（2）星地融合网络中的中继选择策略与性能分析。针对星地融合多中继网络，在考虑系统损伤噪声的基础上，首先，提出了存在多个地面中继时基于阈值的中继选择策略，并在此策略的基础上得到了系统中断概率和吞吐量的准确闭式表达式及渐进解表达式；然后，得到了基于中继选择策略下的系统分集增益和阵列增益。理论和仿真结果表明，所提出的中继选择策略提高了系统性能，同时在系统性能与实现复杂度方面有很好的折中。所设定的阈值对于系统性能有很大的影响，阈值越大，系统性能越好，但是系统复杂度越高。因此，实际应用时需要根据能承受的复杂度和所要求的系统性能做出合适取舍，所以损伤噪声程度增大和阴影衰落加剧严重降低系统性能。

（3）基于双向中继机会调度的星地融合传输策略与性能分析。针对存在多个双向地面中继的星地融合网络，首先采用机会中继选择策略得到了放大转发和译码转发协议下的系统中断概率和吞吐量的准确闭式表达式及高信噪比下的渐进解表达式；然后分析了系统分集增益和阵列增益。由理论值和仿真结果可以看到，机会中继选择策略的应用很大程度提高了系统性能，且系统的分集增益随着中继的数目增加而增大，阵列增益随着地面中继天线的数目增加而增大。当系统存在损伤噪声时，系统性能随着损伤程度增大而恶化，同时出现平台效应。

（4）基于认知中继的星地融合网络协作传输策略与性能分析。针对认知条件下的星地融合网络，提出了一种多主卫星用户星地融合认知协同传输模型，并考虑损伤噪声和非理想信道状态信息。首先在联合考虑地面次级用户最大发射功率以及主卫星网络干扰温度条件限制下，推导出了地面次级用户中断概率和吞吐量的准确闭式表达式及高信噪比下的渐进表达式；然后分析了地面次级用户所能获得的分集增益和阵列增益。理论和仿真结果表明，在主卫星用户数目增多、估计信号长度减少、损伤噪声增加、信道衰落加剧的情况下，地面次级用户中断性能和吞吐量随之恶化。进一步，系统中断概率和吞吐量在损伤噪声达到一定程度时出现上界。

（5）星地融合网络中的安全协作传输策略与性能分析。针对存在窃听者的星地融合网络，同时考虑多个中继、多个主卫星用户和多个窃听者，首先，提出了一种结合解码中继的联合中继和用户调度策略；然后在考虑窃听者协作窃听和非协作窃听两种场景的基础上，分别推导出系统安全性能的准确闭式表达式和高信噪比下的渐进表达式。理论和仿真结果表明，中继数目、合法用户数目和窃听者数目严重影响系统的性能，并且系统的性能随着中继数目的增加、合法用户的数目增加以及窃听者数目的减少而增强。通过进一步分析可知，非协作窃听场景的系统性能要优于协作窃听场景的系统性能。

参 考 文 献

[1] 国家自然科学基金委员会“十三五”发展规划 [R]. 北京，2016 年. http：//www. nsfc. gov. cn/nsfc/cen/bzgh_135/index. html.

[2] Maral G, Bousquet M, Sun Z. Satellite Communications Systems: Systems, Techniques and Technology [M]. New York: Wiley, 2010.

[3] Evans B G. The role of satellite in 5G, In Proc Advanced Satellite Multimedia Systems Conference and the 13-th Signal Processing for Space Communications workshop (ASMS/SPSC): Livorno, Itlay. 2014: 197-202.

[4] 中国科学院空间科学战略性先到科技专项研究团队. 开启中国认识宇宙的新篇章——空间科学战略性先到科技专项及进展 [J]. 中国科学院院刊，2014.

[5] ETSI TR 103 124. Satellite Earth Stations and Systems (SES); Combined Satellite and Terrestrial Networks Scenarios, V1. 1. 1 July 2013.

[6] Evans B, Werner M, Lutz E, et al. Integration of satellite and terrestrial systems in future multimedia communications [J]. IEEE Wireless Commun. , 2005, 12 (5): 72-80.

[7] Taleb T, Hadjadj-Aoul Y, Ahmed T. Challenges, opportunities, and solutions for converged satellite and terrestrial networks [J]. IEEE Wireless Commun. , 2011, 18 (1): 46-52.

[8] Kim H W, Lee H J, Martin B, et al. Satellite radio interfaces compatible to 3GPP WCDMA system [J]. Int. J. Satellite Commun. , 2010, 28 (3): 316-334.

[9] Ahn D S, Kim H W, Ahn J, et al. Integrated/hybrid satellite and terrestrial networks for satellite IMT-Advanced services [J]. Int. J. Satellite Commun. , 2011, 29 (3): 269-282.

[10] Gur G, Bayhan S, Alagoz F. Hybrid satellite-IEEE 802. 16 system for mobile multi-media delivery [J]. Int. J. Satellite Commun. , 2011, 29 (3): 209-228.

[11] Kota S, Giambene G, Kim S. Satellite component of NGN: Integrated and hybrid networks [J]. International Journal of Satellite Communications and Networking, 2011, 29 (3): 191-208.

[12] 张更新，张杭，等．卫星移动通信系统 [M]. 北京：人民邮电出版社，2001.

[13] 安康. 星地融合网络中的协同和认知传输技术研究 [D]. 南京：陆军工程大学，2017.

[14] Kota S, Giambene G, Kim S. Satellite component of NGN integrated and hybrid networks [J]. International Journal of Satellite Communications and Networking, 2011, 29 (3): 191-208.

[15] Kim H W, Ku B J, Ahn D S, et al. Standardization activities of a satellite component for IMT-Advanced System [C] // in Proceeding of 2010 International Conference on Information and Communication Technology Convergence (ICTC), Hangzhou, China, 2010: 1-5.

[16] Evans B. Satellite Communication Systems [J]. London, U.K.: Inst. Eng. Technol., 1999.

[17] Eskelinen P. Satellite communications fundamentals [J]. IEEE Aerosp. Electron. Syst. Mag., 2001, 16 (10): 22, 23.

[18] Cola T D, Tarchi D, Vanelli-Coralli A. Future trends in broadband satellite communications: Information centric networks and enabling technologies [J]. International Journal of Satellite Communications and Networking, 2015, 33 (5): 473-490.

[19] Kyrgiazos A, Evans B, Thompson P, et al. A terabit/second satellite system for European broadband access: A feasibility study [J]. International Journal of Satellite Communications and Networking, 2014, 32 (2): 63-92.

[20] Vidal O, Verelst G, Lacan J, et al. Next generation high throughput satellite system [C] // in Proc. IEEE AESS Eur. Conf. Satell. Telecommun. (ESTEL), Rome, Italy, 2012: 1-7.

[21] Maral G, Bousquet M, Sun Z. Satellite Communications Systems: Systems, Techniques and Technology [M]. 2010.

[22] Loo C. A statistical model for a land mobile satellite link [J]. IEEE Trans. Veh. Technol., 1985, 34 (3): 122-127.

[23] Abdi A, Lau W C, Alouini M S, et al. A new simple model for land mobile satellite channels: First-and second-order statistics [J]. IEEE Trans. Wireless Commun., 2003, 2 (3): 519-528.

[24] Bhatnagar M R, Arti M K. Performance analysis of AF based hybrid satellite-terrestrial cooperative network over generalized fading channels [J]. IEEE Commun. Lett., 2013, 17 (10): 1912-1915.

[25] Manav R B, Arti M K. On the closed-form performance analysis of maximal ratio combining in shadowed-Rician fading LMS channels [J]. IEEE Commun. Lett., 2014, 18 (1): 54-57.

[26] Arti M K, Bhatnagar M R. Beamforming and combining in hybrid satellite-terrestrial cooperative systems [J]. IEEE Commun. Lett., 2014, 18 (3): 483-486.

[27] Arti M K, Binod K K. Analytical performance of AF relaying in satellite communication systems [J]. IEEE INDICON 2015, New Dehli, India, 2015: 1-6.

[28] An K, Lin M, Liang T. On the performance of multiuser hybrid satellite-terrestrial relay networks with opportunistic scheduling [J]. IEEE Commun. Lett., 2015, 19 (10): 1722-1725.

[29] Miridakis N I, Vergados D D, Michalas A. Dual-hop communication over a satellite relay and shadowed Rician channels [J]. IEEE Trans. Veh. Technol., 2015, 64 (9): 4031-4040.

[30] Ruan Y, Li Y, Zhang R, et al. Performance analysis of hybrid satellite-terrestrial cooperative networks with distributed alamouti code [C] // in Proc. IEEE 2016 VTC Spring, Nanjing China, 2016: 1-5.

[31] Alagoz F, Gur G. Energy Efficiency and Satellite Networking: A Holistic Overview [C] // in Processing of IEEE 2011, 2011, 99 (11): 1954-1979.

[32] Paillassa B, Escrig B, Dhaou R, et al. Improving satellite services with cooperative communications [J]. Int. J. Satellite Commun., 2011, 29 (6): 479-500.

[33] Kim S. Evaluation of cooperative techniques for hybrid/integrated satellite systems [C] // in Proc. of IEEE International Conference on Communications (ICC), 2011.

[34] Bletsas A, Shin H, Win M Z. Cooperative communication with outage-optimal opportunistic relaying [J]. IEEE Trans. Wireless Commun., 2007, 6 (9): 3450-3460.

[35] Morosi S, Jayousi S, Re E D. Cooperative delay diversity in hybrid satellite/terrestrial DVB-SH system [C] // in Proc. IEEE ICC 2010, Cape Town, South Africa, 2010: 1-5.

[36] Morosi S, Jayousi S, Re E D. Cooperative delay diversity scheme with low complexity channel estimation in integrated satellite/terrestrial systems [C] // in Proc. 2010 European Wireless Conference, Lucca Itlay, 2010: 496-502.

[37] Iabal A, Ahmed K M. Outage probability analysis of multi-hop cooperative satellite-terrestrial network [C] // in Proc. 2011 ECTI, Khon Kaen Thailand, 2011: 256-259.

[38] Lin M, Ouyang J, Zhu W P. On the performance of hybrid satellite-terrestrial cooperative networks with interferences [C] // in Proc. 2014 ACSSC, Pacific Grove, CA, USA, 2014: 1796-1800.

[39] Sreng S, Escrig B, Boucheret M L. Outage analysis of hybrid satellite-terrestrial cooperative network with best relay selection [C] // in Proc. WTS 2012, London UK, 2012: 1-5.

[40] Sreng S, Escrig B, Boucheret M L. Exact outage probability of a hybrid satellite terrestrial cooperative system with best relay selection [C] // in Proc. IEEE ICC 2013, Budapest, Hungary, 2013: 4520-4524.

[41] Zhao Y, Xie L, Chen H, Wang K. Ergodic channel capacity analysis of downlink in the hybrid satellite-terrestrial cooperative system [J]. Wireless Personal Commun., 2017, 96 (3) 3799-3815.

[42] Upadhyay P K, Sharma P K. Max-max user-relay selection scheme in multiuser and multirelay hybrid satellite-terrestrial relay systems [J]. IEEE Commun. Lett., 2016, 20 (2): 268-271.

[43] Arti M K, et al. Relay selection-based hybrid satellite-terrestrial communication systems [J]. IET Commun., 2017, 11 (17): 2566-2574.

[44] Jameel F, Haider F M A A, Butt A A. Performance assessment of satellite-terrestrial relays under correlated fading [C] // in Proc. 2017 ICASE, Islamabad, Pakistan, 2017: 1-6.

[45] Sreng S, Escrig B, Boucheret M L. Exact symbol error probability of hybrid/integrated satellite-terrestrial cooperative network [J]. IEEE Trans. Wireless Commun, 2013, 12 (3): 1310-1319.

[46] Vazquez M A, Shankar M R B, Kourogiorgas C, et al. Precoding, scheduling and link adaptation in mobile interactive mutibeam satellite systems, [J]. IEEE J. Sel. Commun. Areas, 2018, 36 (5): 971-980.

[47] Lin M, An K, Ouyang J, et al. On the performance of dual-hop multi-antenna AF transmission with interference at the relay [C] // in Proc. 2014 URSI GASS, Beijing China, 2014: 1-4.

[48] An K, Lin M, Ouyang J, et al. Symbol error analysis of hybrid satellite-terrestrial cooperative networks with co-channel interference [J]. IEEE Commun. Lett., 2014, 18 (11): 1947-1950.

[49] Ruan Y, Li Y, Wang C X, et al. Outage performance of integrated satellite-terrestrial networks with hybrid CCI [J]. IEEE Commun. Lett., 2017, 21 (7): 1545-1548.

[50] Liang Y, Mazen O H. Performance analysis of amplify-and-forward hybrid satellite-terrestrial networks with cochannel interference [J]. IEEE Trans. Commun., 2015, 63 (12): 5052-5061.

[51] An K, Lin M, Liang T, et al. Performance analysis of multi-antenna hybrid satellite-terrestrial relay networks in the presence of interference [J]. IEEE Trans. Commun., 2015, 63 (11): 4390-4404.

[52] Bankey V, Upadhyay P K, Costa D B, et al. Performance analysis of multi-antenna multiuser hybrid satellite-terrestrial relay systems for mobile services delivery [J]. IEEE

Access, 2018, 6: 24729-24745.

[53] Bhatnagar M R. Making two-way satellite relaying feasible: A differential modulation based approach [J]. IEEE Trans. Commun., 2015, 63 (8): 2836-2847.

[54] Arti M K. Imperfect CSI based AF relaying in hybrid satellite-terrestrial cooperative communication systems [C] // in Proc. IEEE ICC 2015, London, U. K., Jun. 2015: 1-6.

[55] Arti M K. Channel estimation and detection in hybrid satellite-terretrial communication systems [J]. IEEE Trans. Veh. Technol., 2016, 65 (7): 5764-5771.

[56] Arti M K. Imperfect CSI based multi-way satellite relaying [J]. IEEE Wireless Commun, Lett, published online.

[57] Shi S, An K, Li G, et al. Optimal power control in cognitive satellite terrestrial networks with imperfect channel state information [J]. IEEE Wireless Commun. Lett., 2018, 7 (1): 34-37.

[58] Arti M K. Two-way satellite relaying with estimated channel gains [J]. IEEE Trans, Commun., 2016, 64 (7): 2808-2820.

[59] Upadhyay P K, Sharma P K. Multiuser hybrid satellite-terrestrial relay networks with co-channel interference and feedback latency [C] // in Proc. 2016 EuCNC, Athens, Greece, 2016: 174-178.

[60] Bankey V, Upadhyay P K. Ergodic capacity of multiuser hybrid satellite-terrestrial fixed gain AF relay networks with CCI and outdated CSI [J]. IEEE Trans. Veh. Technol., 2018, 67 (5): 4666-4671.

[61] Hoyhtya M, Kyrolainen J, Hulkkonen A, et al. Application of cognitive radio techniques to satellite communication [C] // in Proc. 2012 IEEE International Symposium on Dynamic Spectrum Access Networks, Bellevue, USA, 2012: 540-551.

[62] Cola T D, Tarchi D, Vanelli-Coralli A. Future trends in broadband satellite communications: information centric networks and enabling technologies [J]. International Journal of Satellite Communications and Networking, 2015: 1-18.

[63] Goldsmith S, Jafar A, Maric I, Srinivasa S. Breaking spectrum gridlock with cognitive radios: An information theoretic perspective [J]. Proceeding of IEEE, 2009, 97 (5): 894-914.

[64] Liang Y C. Cognitive radio: Theory and application [J]. IEEE J. Sel. Areas Commun., 2008, 26 (1): 1960-1973.

[65] 陈鹏，邱乐德，王宇. 卫星认知无线通信中频谱感知算法比较 [J]. 电讯技术，2014, 51 (9): 49-54.

[66] Maleki S, Chatzinotas S, Evans B, et al. Cognitive spectrum utilization in Ka band multibeam satellite communications [J]. IEEE Communications Magazine, 2015, 53 (3): 24-29.

[67] Roivainen A, Ylitalo J, Kyrolainen J, et al. Performance of terrestrial network with the presence of overlay satellite network [C] // in Proceeding of IEEE International Conference on Communications (ICC 2013), Budapest, Hungary, 2013: 5089-5093.

[68] 张静，蒋宝强，郑霖. 认知无线网络技术在卫星通信中的应用 [J]. 桂林电子科技大学学报，2013, 33 (4): 284-287.

[69] Goldsmith S, Jafar A, Maric I, et al. Breaking spectrum gridlock with cognitive radios: An information theoretic perspective [J]. Proceeding of IEEE, 2009, 97 (5): 894-914.

[70] Sharma S K, Chatzinotas S, Ottersten B. Cognitive radio techniques for satellite communication systems [C] // IEEE VTC 2013, Las Vegas, NV, USA, 2013: 1-5.

[71] An K, Lin M, Ouyang J, et al. Secure transmission in cognitive satellite terrstrial networks [J]. IEEE J. Sel. Area, 2016, 34 (11): 3025-3037.

[72] An K, Ouyang J, Lin M, et al. Outage analysis of multi-antenna cognitive hybrid satellite-terrestrial relay networks with beamforming [J]. IEEE Commun. Lett., 2015, 19 (7): 1157-1160.

[73] An K, Lin M, Zhu W, et al. Outage performance of cognitive satellite terrestrial networks with interference constraint [J]. IEEE Trans. Veh. Technol., 2016, 65 (11): 9397-9404.

[74] Vassaki S, Poulakis M I, Panagopoulos A D, et al. Power allocation in cognitive satellite terrestrial networks in QoS constraints [J]. IEEE Commun. Lett., 2013, 17 (7): 1344-1347.

[75] An K, Lin M, Ouyang J, et al. Secure transmission in cognitive satellite terrstrial networks [J]. IEEE J. Sel. Areas, 2016, 34 (11): 3025-3037.

[76] An K, Lin M, Liang T, et al. On the ergodic capacity of multiple antenna cognitive satellite terrestrial networks [C] // in Proc. IEEE ICC 2016, Kuala Lumpur, Malaysia, 2016: 1-5.

[77] Sharma P K, Upadhyay P K, Costa D B, et al. Hybrid satellite-terrestrial spectrum sharing system with opportunistic secondary network selection [C] // in Proc. IEEE ICC 2017, Pairs France, 2017: 1-6.

[78] Sharma P K, Upadhyay P K, Costa D B, et al. Performance analysis of overlay spectrum sharing in hybrid satellite-terrestrial systems with secondary network selection [J]. IEEE Trans. Wireless Commun., 2017, 16 (10): 6586-6601.

[79] Ruan Y, Li Y, Wang C X, et al. Effective capacity analysis for underlay cognitive satellite-terrestrial networks [C] // in Proc. IEEE ICC 2017, Pairs France, 2017: 1-6.

[80] Ruan Y, Li Y, Wang C, et al. Energy efficient adaptive transmissions in integrated satellite-terrestrial networks with SER Constraints [J]. IEEE Trans. Wireless Commun., 2018, 17 (1): 210-222.

[81] Kolawole O Y, Vuppala S, Sellatuurai M, et al. On the performance of cognitive satellite-terrestrial networks [J]. IEEE Trans. Cognitive Commun. Networking, 2017, 3 (4): 668-683.

[82] Li B, Fei Z, Xu X, et al. Resource allocation for secure cognitive satellite-terrestrial networks [J]. IEEE Wireless Commun., 2017, 7 (1): 78-81.

[83] Li B, Fei Z, Chu Z, et al. Robust chance-constaints secure transmission for cognitive satellite-terrestrial networks [J]. IEEE Trans. Veh. Technol., 2018, 67 (5): 4208-4219.

[84] Wang L, Li F, Liu X, et al. Spectrum optimization for cognitive satellite communication with courot game model [J]. IEEE Access, 2017, 6: 1624-1634.

[85] Li F, Liu X, Lam K Y, et al. Spectrum allocation with asymmetric monopoly model for multibeam-based cognitive satellite networks [J]. IEEE Access, 2018, 6: 9713-9722.

[86] Qi J, Aissa S, Alouini M S. Analysis and compensation of I/Q imbanlance in amplify-and-forward cooperative systems [C] // in Proc. 2012 WCNC, Shanghai China, 2012: 215-220.

[87] Schenk T C W, Fledderus E R, Smulders P F M. Performance analysis of zero-IF MIMO OFDM transceivers with IQ imbalance [J]. J. Commun., 2007, 2 (7): 9-19.

[88] Schenk T. RF Imperfections in High-Rate Wireless Systems: Impact and Digital Compensation [M]. Springer, 2008.

[89] Wenk M, MIMO-OFDM Testbed: Challenges, Implementations and Measurement Results [J]. Series in Microelectronics. Hartung-Gorre, 2010.

[90] Costa E, Pupolin S. m-QAM-OFDM system performance in the presence of a nonlinear amplifier and phase noise [J]. IEEE Trans. Commun., 2002, 50 (3): 462-472.

[91] 8 hints for making and interpreting EVM measurements [J]. Tech. Rep., Agilent Technologies, 2005.

[92] Wyner A D. The Wire-Tap Channel [J]. Bell System Technical Journal, 1975, 54 (8): 1355-1387.

[93] Zou Y, Zhu J, Wang X, et al. Improving physical-layer security in wireless communications using diversity techniques [J]. IEEE Network, 2015, 29 (1): 42-48.

[94] 张亚军. 无线通信系统中物理层安全增强传输方法研究 [D]. 南京：解放军理工大学，2016.

[95] Bloch M, Hayashi M, Thangaraj A. Error-control coding for physical-layer secrecy [J]. Proceedings of the IEEE, 2015, 103 (10): 1725-1746.

[96] Mukherjee A, "Physical-layer security in the internet of things: Sensing and communication confidentiality under resource constraints [J]. Proceedings of the IEEE, 2015, 103 (10): 1747-1761.

[97] Bjornson E, Matthaiou M, Debbah M. A new look at dual-hop relaying: performance limits with hardware impairments [J]. IEEE Trans. Commun., 2013, 61 (11): 4512-4525.

[98] Duy T T, Duong T Q, Costa D B, et al. Proactive relay selection with joint impact of hardware impairments and co-channel interference [J]. IEEE Trans. Commun., 2015, 63 (5): 1594-1606.

[99] Hieu T D, Duy T T, Dung L T, Choi S C. Performance evaluation of relay selection schemes in beacon-assisted dual-hop cognitive radio wireless sensors networks under impact of hardware noises [J]. Sensors, 2018 (6): 1843-1867.

[100] Tin P T, Duy T T, Voznak M. Relay selection methods in cognitive networks under interference and intercept probability constraints in presence of hardare noises [C] // in Proc. KTTO 2016., Malenovice, Czech Republic, 2016: 1-7.

[101] Hieu T D, Duy T T, Kim B S. Performance enhancement for multi-hop harvest-to-transmit WSNs with path-selection methods in presence of eavesdroppers and hardware noises [J]. IEEE Sensors Journal, 2018, 18 (12): 5173-5186.

[102] Matthaiou M, Papadogiannis A, Bjornson E, et al. Two-way relaying under the presence of relay transceiver hardware impairments [J]. IEEE Commun. Lett., 2013, 17 (6): 1136-1139.

[103] Nguyen T N, Tran P T, Minh T H Q, et al. Two-way half duplex decode and forward relaying network with hardware impairment over Rician fading channel: System performance analysis [J]. Elektronika IR Elektrotechnika, 2018, 24 (2): 1912-1918.

[104] Mishra A K, Mallick D, Singh P. Combined effect of RF impairment and CEE on the performance of dual-hop fixed-gain AF relaying [J]. IEEE Commun. Lett., 2016, 20 (9): 1725-1728.

[105] Mishra A K, Mallick D, Issar M, et al. Performance analysis of dual-hop DF relaying systems in the combined presence of CEE and RFI [C] // in Proc. IEEE COMSNETS, 2017, Bangalore, India, 2017: 354-359.

[106] Mishra A K, Gowda S C M, Singh P. Impact of hardware impairments on TWRN and

OWRN AF relaying systems with imperfect channel estimates [C] // in Proc. IEEE WCNC, 2017. San Francisco, CA, USA, 2017: 1-6.

[107] Zarei S, Gerstacker W, Schober R. Uplink/downlink duality in massive MIMO systems with hardware impairments [C] // in Proc. IEEE ICC 2016, Kuala Lumpur, Malaysia, 2016: 1-6.

[108] Zarei S, Gerstacker W H, Aulin J, Schober R. Multi-cell massive MIMO systems with hardware impairments: Uplink-downlink duality and downlink precoding [J]. IEEE Trans. Wireless Commun., 2018, 16 (8): 5115-5130.

[109] Bjornson E, Hoydis J, Kountouris M, et al. Hardware impairments in large MISO systems: Energy efficiency, estimation, and capacity limits [C] // DSP 2018, Fira, Greece, 2013: 1-6.

[110] Bjornson E, Hoydis J, ountouris M, et al. Massive MIMO systems with non-ideal hardware: Energy efficiency, estimation, and capacity limits [J]. IEEE Trans. Information Theory, 2014, 60 (11): 7112-7139.

[111] Studer C, Wenk M, Burg A. MIMO transmission with residual transmit-RF impairments [C] // in Proc. WSA 210, Bremen Germany, 2010: 189-196.

[112] Zhang X, Matthaiou M, Coldrey N, et al. Impact of residual transmit RF impairments on traininig-based MIMO systems [J]. IEEE Trans. Commun., 2015, 63 (8): 2899-2911.

[113] Xu K, Cao Y, Xie W, et al. Achievable rate of full-duplex massive MIMO relaying with hardware impairments [C] // in Proc. PACRIM 2015, Victoria, BC, Canada, 2015: 84-89.

[114] Xie W, Xia X, Xu Y, et al. Massive MIMO full-duplex relaying with hardware impairments [J]. Journal of Commun. Networks, 2017, 19 (4): 351-362.

[115] You J, Liu E, Wang R, Su W. Joint source and relay procoding design for MIMO two-way relay systems with transceiver impairments [J]. IEEE Commun. Lett., 2016, 21 (3): 572-575.

[116] Xia X, Zhang D, Xu K, et al. Hardware impairments aware transceiver for full-duplex massive MIMO relaying [J]. IEEE Trans. Signal Processing, 2015, 63 (24): 6565-6580.

[117] Zhang J, Dai L, Zhang X, et al. Achievable rate of Rician large-sacle MIMO channels with transceiver hardware impariments [J]. IEEE Trans. Veh. Technol., 2016, 65 (10): 8800-8806.

[118] Bjornson E, Hoydis J, Koutouris M, Debbah M. Massive MIMO systems with non-ideal hardware: Energy efficiency, estimation, and capacity limits [J]. IEEE Trans. Information Theory, 2014, 60 (11): 7112-7139.

[119] Younas T, Li J, Arshad J. On bandwidth efficiency analysis for LS-MIMO with hardware impairments [J]. IEEE Access, 2017, 5: 5994-6001.

[120] Zarei S, Gerstacker W, Aulin J, et al. I/Q imbalance aware widely-linear receiver for uplink multi-cell massive MIMO systems: Design and sum rate analysis [J]. IEEE Trans. Wireless Commun., 2016, 15 (5): 3393-3408.

[121] Lei J, Han Z, Castro M A V, et al. Secure satellite communication systems design with individual secrecy rate constraints [J]. IEEE Trans. Information Forensics and Security, 2011, 6 (3): 661-671.

[122] Zheng G, Chatzinotas S, Ottersten B. Generic optimization of linear precoding in multibeam satellite systems [J]. IEEE Trans. Wireless Commun., 2012, 11 (6): 2308-2320.

[123] An K, Lin M, Liang T, et al. Secrecy performance analysis of land mobile satellite communication systems over Shadowed-Rician fading channels [C] // in Proc. IEEE WOCC 2016, Chengdu China, 2016: 1-4.

[124] An K, Lin M, Liang T, et al. Average secrecy capacity of land mobile satellite wiretap channels [C] // in Proc. IEEE WCSP 2016, Yangzhou China, 2016: 1-5.

[125] An K, Lin M, Liang T, et al. Secure transmission in multi-antenna hybrid satellite-terrestrial relay networks in the presence of eavesdropper [C] // in Proc. IEEE WCSP 2015, Nanjing China, 2015: 1-5.

[126] An K, et al. On the secrecy performance of land mobile satellite communication systems [J]. IEEE Access, 2018, 6 (1): 39606-39620.

[127] Cao W, Zou Y, Yang Z, et al. Secrecy outage probability of hybrid satellite-terrestrial relay networks [C] // in Proc. IEEE GLOBECOM 2017, Singapore, 2017: 1-5.

[128] Bankey V, Upadhyay P K. Secrecy outage analysis of hybrid satellite-terrestrial relay networks with opportunistic relaying schemes [C] // in Proc. IEEE 85th Vehicular Technology Conference (VTC Spring), Sydney NSW, 2017: 1-5.

[129] Huang Q, Lin M, An K, et al. Secrecy performance of hybrid satellite terrestrial relay networks in the presence of multiple eavesdroppers [J]. IET Communications, 2018, 12 (1): 26-34.

[130] Bhatnagar M R. Performance evaluation of decode-and-forward satellite relaying [J]. IEEE Trans. Veh. Tech., 2015, 64 (10): 4827-4833.

[131] Arnau J, Christopoulos D, Chatzinotas S, et al. Performance of the multibeam satellite return link with correlated rain attenuation [J]. IEEE Trans. Wireless Commun., 2014,

13 (11): 6286-6299.

[132] Liolis K P, Panagopoulos A D, Cottis P G. Multi-satellite MIMO communications at Ku-band and above: Investigations on spatial multiplexing for capacity improvement and selection diversity for interference mitigation [J]. EURASIP J. Wireless Commun. Network, 2007 (2).

[133] ITU-R P.452-15, Prediction procedure for the evaluation of interference between stations on the surface of the Earth at frequencies above about 0.1 GHz [J]. 2013.

[134] Lo T K Y. Maximum ratio transmission [J]. IEEE Trans. Commun., 1999, 47 (10): 1458-1461.

[135] The Wolfram Function Site. [Online], Avilable: http://functions.wolfram.com.

[136] Gradshteyn I S, Ryzhik I M. Table of Intergals, Series, and Products, 7th ed [M]. Academic Press, 2007.

[137] Sun L, Mckay M R. Opportunistic relaying for MIMO wireless communication: relay selection and capacity scaling laws [J]. IEEE Trans. Wireless Commun., 2011, 10 (6): 1786-1797.

[138] Chen M, Liu T C K, Dong X. Opportunistic multiple relay selection with outdated channel state information [J]. IEEE Trans. Veh. Technol., 2012, 61 (3): 1333-1345.

[139] Bletsas A, Shin H, Win M Z. Cooperative communication with outage-optimal opportunistic relaying [J]. IEEE Trans. Wireless Commun., 2007, 6 (9): 3450-3460.

[140] Krikidis I, Thompson J, McLaughlin S, et al. Amplify-and-forward with partial relay selection [J]. IEEE Commun. Lett., 2008, 12 (4): 235-237.

[141] Ding H, Ge J, Costa D B, et al. Diversity and coding gains of fixed-gain amplify-and-forward with partial relay selection in nakagami-m fading [J]. IEEE Commun. Lett., 2010, 14 (8): 734-736.

[142] Zhang J, Wei Y, Bjorson E, et al. Spectral and energy efficiency of cell-free massive MIMO systems with hardware impairments [C] // in Proc. IEEE WCSP 2017., Nanjing China, 2017: 1-6.

[143] Guo K, Guo D, Huang Y, et al. Performance analysis of a dual-hop satellite relay network with hardware impairments [C] // in Proc. IEEE WOCC2016, Chengdu, China, 2016: 1-5.

[144] Guo K, Guo D, Huang Y, et al. Performance analysis of dual-hop satellite relay networks with hardware impairments and co-channel interference [J]. Eurasip Journal on Wireless Commun. Networks, 2017: 126.

[145] Hasna M, Alouini M S. A performance study of dual-hop transmissions with fixed gain relays [J]. IEEE Trans. Wireless Commun., 2004, 3 (6): 1963-1968.

[146] Abdallah S, Psaromiligkos I N. Blind channel estimation for amplify-and-forward two-way relay networks employing M-PSK modulation [J]. IEEE Trans on Signal Processing, 2012, 60 (7): 3604-3615.

[147] Zhu Y, Wu X, Zhu T. Hybrid AF and DF with network coding for wireless two way relay networks [C] // IEEE WCNC 2013, Shanghai, China, 2013.

[148] Guo K, Zhang B, Huang Y, et al. Performance analysis of two-way satellite terrestrial relay networks with hardware impairments [J]. IEEE Wireless Commun. Lett., 2017, 6 (4): 430-433.

[149] Guo K, An K, Zhang B, et al. Outage analysis of cognitive hybrid satellite terrestrial networks with hardware impairments and multi-primary users [J]. IEEE Wireless Commun. Lett., 2018, 7 (5): 816-819.

[150] Kandeepan S, Nardis L D, Benedetto M G D, et al. Cognitive satellite terrestrial radios [C] // in Proc. IEEE GLOBECOM 2010, Miami, FL, USA, 2010: 1-6.

[151] Huang Y, Al-Qahatani F, Wu Q, et al. Outage analysis of spectrum sharing relay systems with multiple secondary destinations under primary user´s interference [J]. IEEE Trans. Veh. Technol., 2014, 63 (7): 3456-3464.

[152] Gong Y, Chen G, Xie T. Using buffers in trust aware relay selection networks with spatially random relays [J]. IEEE Trans. Wireless Commun., 2018, 17 (9): 5818-5826.

[153] Yue X, Liu Y, Kang S, et al. Spatially random relay selection for full/half-duplex cooperative NOMA network [J]. IEEE Trans. Commun., 2018, 66 (8): 3294-3308.

[154] Wang L, Yang N, Elkashlan M, et al. Physical layer security of maximal ratio combining in two-wave with diffuse power fading channels [J]. IEEE Trans. Inf. Forensics Security, 2014, 9 (2): 247-258.